Davis Jn Baptiste
Leandra Griffith -Jn Baptiste

Biologia: Seleção e não seleção

Davis Jn Baptiste
Leandra Griffith -Jn Baptiste

Biologia: Seleção e não seleção

ScienciaScripts

Imprint

Cover image: www.ingimage.com

This book is a translation from the original published under ISBN 978-3-659-84803-2.

Publisher:
Sciencia Scripts
is a trademark of
Dodo Books Indian Ocean Ltd. and OmniScriptum S.R.L publishing group

120 High Road, East Finchley, London, N2 9ED, United Kingdom
Str. Armeneasca 28/1, office 1, Chisinau MD-2012, Republic of Moldova, Europe
Managing Directors: Ieva Konstantinova, Victoria Ursu
info@omniscriptum.com

Printed at: see last page
ISBN: 978-620-8-55443-9

ÍNDICE DE CONTEÚDOS

Agradecimentos

Para Davis:

Rose, coordenadora e diretora da Biblioteca Monchy em Santa Lúcia, que me deu o luxo de utilizar a sua biblioteca/recursos sem reservas nos meus anos de estudante universitário. Este tempo na biblioteca serviu como um período de reflexão, que me levou a ser o investigador que sou hoje.

Para a Leandra:

Gostaria de agradecer aos meus pais a oportunidade de me educarem através da escola e de me permitirem este privilégio de usar os meus conhecimentos científicos para contribuir para esta publicação. No entanto, gostaria de agradecer ao meu marido, academicamente estimado, pela honra de publicar este livro com ele.

Dedicação

Para Davis:

Gostaria de dedicar este livro à minha mulher, a Dra. Leandra Griffith-Jn Baptiste, pelo amor e paciência eternos que tem demonstrado para comigo. Também por me ter ajudado ultrapassar os meus dias difíceis quando estava sozinho, ajudando-me a perceber que com Deus, o meu nível de intelecto e zelo e, claro, ela, posso fazer acontecer QUALQUER COISA.

Para a Leandra:

Gostaria de dedicar esta publicação aos meus pais, Jadeen e Michael Griffith. Também gostaria de o dedicar à minha sobrinha que amo e aprecio muito

muito. Para além disso, gostaria de dedicar esta publicação ao meu único irmão Derek Griffith.

Finalmente, gostaria de dedicar esta publicação ao meu querido marido, que me amou desde o início e continua a dedicar-se à elevação dos valores da nossa família. Obrigada por seres um marido a quem posso amar e confiar a minha vida, bem como viajar por todo o mundo.

Resumo

A biologia é uma ciência fundamental que estabelece as bases para muitas profissões científicas, incluindo a medicina. Como tal, é imperativo que os alunos do ensino secundário prestem muita atenção a esta disciplina. Infelizmente, porém, a investigação mostrou que os alunos que escolheram Biologia nas escolas secundárias estão a abandonar a disciplina a um ritmo alarmante e a maioria não a escolhe de todo. Este livro examinou os factores de seleção e não seleção da Biologia numa determinada escola secundária.

Descobriu-se que as principais razões pelas quais os alunos escolheram a biologia se devem à forma como as disciplinas foram agrupadas, à influência dos colegas, à carreira futura e ao facto de o professor tornar a disciplina interessante para eles. Além disso, foi revelado que as razões pelas quais os alunos não optam pela disciplina se devem às expectativas do professor, ao acompanhamento, ao agrupamento de disciplinas, à carreira futura, à natureza da disciplina orientada para os conteúdos e, por extensão, às estratégias de ensino utilizadas pelo professor.

Tendo em conta estes factores, recomendou-se que fossem contratados professores de ciências qualificados, que as escolas dispusessem de laboratórios e materiais didácticos bem equipados e que os alunos participassem no planeamento das aulas de biologia.

Capítulo 1

Informações de base

A biologia é uma ciência que se dedica ao estudo dos seres vivos. É uma disciplina científica que deve interessar a todos os alunos, uma vez que está diretamente relacionada com os seres vivos e o mundo que os rodeia. Driver *et al* (1996), como citado em Croxford (2002, p. 4), sugerem que muitos jovens podem ver a ciência como a acumulação de "factos" sobre o mundo natural e adotar um estilo de aprendizagem passivo ou "rotineiro" que é, na melhor das hipóteses, ineficaz. Para muitos estudantes, a Biologia significa simplesmente o estudo da doença, das doenças e do corpo humano. Embora seja verdade que a disciplina de Biologia lida com o corpo humano e as suas complexidades, a Biologia envolve muito mais; é o estudo da vida e dos processos vitais, dos organismos e da forma como interagem entre si e com o ambiente. Como resultado direto, a disciplina fornece um quadro concetual que permite aos alunos estabelecer uma ligação entre a sua casa, a escola e o mundo em geral.

Por isso, é imperativo que os nossos alunos, especialmente nas escolas secundárias, sejam educados na disciplina de Biologia, para que possam empenhar-se em boas práticas de cidadania e de vida saudável. Todas as disciplinas científicas, quer se trate de Biologia, Química ou Física, são designadas pelo termo geral de ciência e, basicamente, as generalizações sobre uma são feitas sobre a outra. A Biologia nas escolas secundárias tem sido considerada muito difícil para os alunos. Os alunos consideram os conceitos difíceis de apreender por várias razões. Por exemplo, Trumper (2006) afirma que "o interesse dos alunos .... em aprender biologia está intimamente relacionado com as suas opiniões negativas sobre as aulas de ciências". Os alunos têm uma perceção muito negativa das aulas de ciências e esta é uma das principais razões pelas quais raramente escolhem a disciplina de Biologia. A Biologia é uma disciplina que teve mais aprovações do que qualquer outra disciplina de ciências naturais puras em Santa Lúcia e noutras partes do mundo. No quadro 1, pode ver-se que as estatísticas obtidas da unidade de exames do Ministério da Educação mostram que, nos últimos quatro anos, há mais alunos inscritos nos exames de biologia do pré-Certificado do Ensino Secundário (CSEC) do que em química ou física. Embora o número de alunos que se inscrevem no exame CSEC de Biologia seja superior ao das outras disciplinas científicas, registou-se um declínio no número de alunos que optaram por esta disciplina nos últimos quatro anos.

Young (1979) afirma que a ciência:

- Ensina às crianças competências importantes, ajudando-as a pensar de uma forma clara e lógica para resolver problemas simples e práticos.
- Ajuda os alunos a desenvolver competências físicas e manipulativas.
- É importante para outras áreas disciplinares e vice-versa.

Quadro 1: Número de alunos que fizeram o exame C-Sec de Biologia, Física e Química nos últimos quatro anos

Ano Sec	Disciplina de ciências	Número de alunos que obtiveram a nota C-
2003	Biologia	351
	Química	300
	Física	200
2004	Biologia	347
	Química	303
	Física	253
2005	Biologia	316
	Química	256
	Física	149
2006	Biologia	310
	Química	287

"A ciência é o estudo da natureza numa tentativa de compreender e criar novos conhecimentos que proporcionem poder de previsão e aplicação" (Collette & Chiapetta, 1998, pg 4). A ciência nas escolas secundárias tem sido objeto de grande resistência por parte dos alunos. Muitos estudantes não estão muito interessados em escolher a ciência como disciplina do CSEC. As razões para este facto têm sido apontadas nas percepções negativas que os alunos têm não só das Ciências Integradas, mas de todas as disciplinas de Ciências oferecidas nas escolas. "Geralmente, uma atitude negativa em relação a uma disciplina leva à falta de interesse e, quando as disciplinas podem ser selecionadas, como no ensino secundário, a evitar a disciplina ou o curso." Trumper (2006). Embora os alunos não estejam muito interessados em escolher as ciências, é claro para aqueles que as escolhem que daí advêm muitos benefícios. Podem ser indivíduos mais completos, capazes de dar contributos valiosos para a sua escola e para a sociedade.

As disciplinas científicas são escolhidas pelos alunos das escolas secundárias de todo o país basicamente de uma só forma. Os alunos são obrigados a escolher as suas disciplinas no final do terceiro período. Ou seja, no terceiro período, têm de preencher os formulários das disciplinas em casa com os pais e devolvê-los aos professores. Nesta escola secundária em particular, a escolha da disciplina de Biologia é feita praticamente da mesma forma que todas as outras disciplinas.

Sarah Blackford, (2006) afirma que ".... competências associadas ao estudo da Biologia incluem: tratamento, avaliação e interpretação de dados/informação pesquisados, capacidade de resolver problemas de uma forma lógica e analítica, numeracia, competências de comunicação escrita e oral, TI, gestão de projectos e tomada de decisões e trabalho em equipa." Esta informação mostra que a disciplina de Biologia dota os alunos de competências valiosas que são essenciais para a nossa sobrevivência quotidiana no mundo moderno.

Sabendo que a Biologia, enquanto disciplina científica, é de grande importância, seria por isso informativo compreender as razões da seleção e não seleção da Biologia pelos alunos de uma escola secundária. Há muitas razões para os alunos não escolherem Biologia. Good e Brophy (1991, pág. 458) afirmam que "os alunos consideram frequentemente as ciências mais difíceis de aprender do que outras disciplinas, talvez porque os cursos de ciências normalmente

exigem que aprendam rapidamente um grande número de conceitos novos". Good e Brophy (1991) também afirmaram que outro problema que os alunos enfrentam é o das numerosas ideias pré-concebidas incorrectas sobre o conteúdo das aulas a serem dadas nas salas de aula. Como afirma Trumper (2006) no seu estudo para descobrir os factores que afectam os interesses dos alunos do ensino secundário em Biologia, realizado em março de 2006 na Universidade de Hafia em Israel; " a relutância dos alunos em escolher cursos de ciências nos últimos anos do ensino secundário
tem implicações negativas não só para a saúde do esforço científico, mas também para a literacia científica das gerações futuras".

A ciência é de importância crucial para todos na sociedade e mais ainda para aqueles que escolhem esta disciplina. "Encontramo-nos atualmente numa situação paradoxal. Embora a ciência e a tecnologia desempenhem papéis fundamentais na economia global de hoje, os jovens estão a afastar-se das disciplinas científicas. É evidente que é necessário aumentar o interesse dos jovens pela ciência para aumentar o número de futuros profissionais da ciência." (Croxford, 2002, p 11). Quando os estudantes não optam pela disciplina, há uma diminuição do número de pessoas com base científica na sociedade, o que pode ter implicações muito profundas para nós, enquanto povo de um país que está a tentar avançar. Isto acontece porque, para avançar e promover o desenvolvimento de qualquer país, as pessoas orientadas para a ciência são de importância crucial, uma vez que os seus contributos são inevitavelmente claros e profundos. Se olharmos para os Estados Unidos da América, podemos ver as pegadas dos cientistas em cada esquina, desde a introdução dos semáforos, aos veículos, às estradas, passando pelas pontes maciças e pelos edifícios comerciais. A abordagem científica que os Estados Unidos da América adoptaram para o seu desenvolvimento não é de modo algum uma má ideia, uma vez que a economia e a paisagem cresceram rapidamente. Devido ao papel significativo que a ciência desempenha na nossa vida quotidiana, a necessidade de uma boa educação científica é extremamente importante para todos os membros de uma dada sociedade, não sendo os estudantes do ensino secundário de Santa Lúcia uma exceção (David Burnie, 2004). Ao contrário de muitos países em desenvolvimento, Santa Lúcia não tem dado ênfase à ciência e à tecnologia como catalisadores do desenvolvimento económico. Simultaneamente, há uma falta de atenção às disciplinas científicas nas escolas e uma incapacidade de mostrar a importância da ciência aos estudantes da nossa sociedade. Os alunos não são encorajados a fazer as disciplinas nas escolas da ilha e, consequentemente, não há motivação para os alunos estudarem ciências. Tanto assim é que alguns alunos que frequentam as disciplinas de ciências chegaram mesmo a desistir por não verem a sua relevância na nossa sociedade. O desenvolvimento é lento em Santa Lúcia porque não existe uma abordagem científica. Não há muitos engenheiros e outros indivíduos com base científica para tomar decisões informadas sobre o caminho a seguir para desenvolver o país .

Também pode haver muitas razões pelas quais os estudantes podem querer escolher a biologia a nível secundário e superior. Uma das principais razões é o facto de os estudantes sentirem que a biologia é necessária para a sua carreira mais tarde. De acordo com Sarah Blackford 2006, "Os empregadores adoram cientistas! As suas mentes curiosas e investigativas são úteis em todo o tipo de áreas de emprego, não apenas no sector das ciências. No ano de 2006, mais de metade (54%) dos licenciados em Biologia das faculdades americanas conseguiram um emprego a tempo inteiro seis meses após a licenciatura e quase um terço (29%) prosseguiu os estudos a tempo inteiro ou a tempo parcial." Além disso, um estudante pode ter um sentimento de orgulho por saber que está a tentar a disciplina. Isto pode acontecer porque a maioria dos estudantes considera que a disciplina é difícil e o facto de a terem tentado torna-os muito populares e ousados aos olhos dos seus pares. Além disso, a autossatisfação obtida com a disciplina pode ser suficiente para os motivar a continuar a estudá-la.

Este estudo investiga as razões para a seleção e não seleção da disciplina de Biologia pelos alunos de uma escola secundária do distrito sete. Nesta escola, a disciplina de Biologia foi introduzida pela primeira vez no ano de 2004. De acordo com a informação recolhida na escola, nesse ano, apenas 10 alunos selecionaram a disciplina de um total de 75 alunos do quarto ano. No ano letivo seguinte (2005-2006), de um total de 85 alunos da quarta classe, 9 alunos escolheram a disciplina. No entanto, 2 desistiram, o que fez com que apenas 7 fizessem os exames CSEC. No atual ano académico de 2006-2007, apenas dez alunos escolheram a disciplina, de um total de 79 alunos. Até à data, houve 3 desistências.

As estatísticas que se seguem, como se pode ver no quadro 2, obtidas da unidade de exames do Ministério da Educação, mostram que o número de alunos que se candidataram a Biologia nesta escola diminuiu, juntamente com o desempenho dos alunos, desde o ano em que o primeiro grupo de alunos se candidatou aos exames CSEC.

Quadro 2: o número de alunos que escreveram a disciplina, o número de alunos que obtiveram sucesso e a percentagem de aprovação para um ano específico na escola secundária que está a ser investigada.

Ano	Número de que fizeram exame	Número de estudantes bem-sucedido	Percentagem de
2005	10	4	40.00
2006	8	3	42.87

Estas estatísticas retiradas do Ministério da Educação mostram claramente que a escola tem um desempenho fraco em comparação com as outras escolas secundárias do mesmo distrito. Existem apenas duas escolas secundárias no distrito sete. Como se pode ver na tabela 3, a outra escola secundária, nos anos lectivos de 2005 e 2006, teve um maior número de alunos a escrever a matéria e um maior número de alunos a passar, produzindo assim uma elevada taxa de aprovação. Em ambas as escolas regista-se uma diminuição do número de alunos que realizaram o exame de Biologia. No entanto, na escola em estudo, há um declínio profundo no número de alunos que fizeram o exame de Biologia, em comparação com a outra escola. Consciente deste facto, o investigador sentiu-se compelido a realizar um estudo para descobrir as razões da seleção e não seleção de Biologia nesta escola secundária em particular.

Quadro 3: o número de alunos que escreveram Biologia, o número de alunos que obtiveram sucesso e a percentagem de aprovação para um ano específico noutra escola secundária no mesmo distrito que a escola secundária em estudo.

Ano	Número de estudantes que participaram no exame	Número de alunos com sucesso	Percentagem de aprovação
2005	13	10	76.92
2006	11	10	90.90

Embora este problema seja prevalecente e incontornável nesta escola secundária do sétimo distrito, o investigador reconheceu que, a nível nacional, desde 2003, também se tem registado um declínio constante no número de alunos que fazem o exame de Biologia do CSEC. As estatísticas apresentadas no quadro 3, da unidade de exames do Ministério da Educação, mostram que não só se tem registado um declínio constante no número de alunos que se submetem ao exame de Biologia, como também um declínio constante no número de alunos aprovados, o que provoca uma diminuição da percentagem de aprovação. Apesar de ter havido uma exceção à tendência das percentagens de aprovação em 2006, é de notar que o número de alunos que se candidataram à disciplina diminuiu significativamente desde 2003, o que significa que existe um problema com a seleção da disciplina de Biologia nas escolas de todo o país, embora possa não ser tão grave como o problema da escola específica que o investigador escolheu para estudar.

Quadro 3: O número total de estudantes que escreveram Biologia CSEC ***a nível nacional*** e os números que passaram e a sua percentagem de aprovação desde o ano 2003 até ao ano 2006.

Ano	N.º de alunos que fizeram exame	N.º de alunos aprovados	Percentagem de aprovação
2003	351	236	67.23
2004	347	230	66.25
2005	316	207	65.76
2006	310	210	67.74

Atualmente, têm sido realizados muitos estudos para descobrir os factores que afectam as atitudes dos estudantes em relação à ciência em geral. Estes podem ser classificados em grande parte como variáveis de género, de personalidade, estruturais e curriculares. Gardner (1975) afirmou que "o sexo é provavelmente a variável mais importante relacionada com as atitudes dos alunos em relação à ciência" (p. 22). Muitos estudos referem que os homens têm atitudes mais positivas em relação à ciência do que as mulheres, enquanto outros não encontraram diferenças de género estatisticamente significativas (Selim & Shrigley, 1983). Kahle e Meece (1994) publicaram uma análise abrangente sobre questões de género relacionadas com as atitudes dos alunos em relação às disciplinas científicas. Ormerod e Duckworth (1975) indicaram a importância de distinguir entre as ciências físicas e biológicas no que diz respeito às diferenças de género nas atitudes em relação à ciência. Gardner (1974), numa análise das diferenças de género no desempenho, atitudes e personalidade dos estudantes de ciências, afirmou que havia "diferenças claras na natureza dos interesses científicos dos 'rapazes' e das 'raparigas', os rapazes manifestam um interesse relativamente maior pelas actividades das ciências físicas, enquanto as raparigas se interessam mais por temas das ciências biológicas e sociais" (p. 243). Atualmente, nesta escola, no nível da quarta classe, há sete alunos que escolheram Biologia e vinte cinco alunos que não escolheram Biologia. Dos sete alunos que escolheram Biologia, apenas três são do sexo masculino e quatro do sexo feminino. Dos vinte e cinco alunos que não escolheram a disciplina, há quinze do sexo feminino e apenas dez do sexo masculino.

Embora o género possa ser um fator que influencia a escolha das ciências nas escolas de todo o mundo, o investigador apercebe-se de que o número de estudantes que escolhem as ciências nas escolas, mesmo a nível internacional, está a diminuir. Dearing, 1996; National Commission on Mathematics and Science Teaching for the 21st Century, 2000, afirmam que o declínio do número de estudantes de ciências em relação a todos os estudantes elegíveis para o ensino superior nos EUA e em vários países europeus tem suscitado preocupações quanto ao seu futuro económico e à literacia científica da sua população. Ao aperceber-se do facto de que a seleção das ciências pelos alunos nas escolas, não só no distrito sete, mas também em Santa Lúcia e a nível internacional, está em declínio constante, o investigador ficou ansioso por estudar este fenómeno particular, particularmente na escola secundária escolhida, uma vez que é aí que é mais prevalecente.

Tópico

- Um inquérito sobre as razões da seleção e não seleção da disciplina de Biologia numa escola secundária do distrito sete

Declaração do problema

Verificou-se que nesta escola secundária em particular, no distrito sete, houve um declínio no número de alunos que escolheram a disciplina de Biologia. Além disso, mesmo quando os alunos escolhem a disciplina, alguns deles acabam por desistir da mesma.

Objetivo do estudo

O investigador procura descobrir as razões pelas quais os alunos escolhem a disciplina de biologia e as razões para a não seleção de biologia numa escola secundária do sétimo distrito.

Questões de investigação

- Quais são as razões para a seleção da Biologia pelos estudantes?
- Quais são as razões para a não seleção da biologia pelos estudantes?
- Quais são as razões pelas quais os alunos que escolheram a disciplina acabam por a abandonar?

Significados educativos

Os resultados deste estudo, bem como a plena aplicação das recomendações, beneficiarão todas as partes interessadas no sistema educativo das seguintes formas

- *Como é que o estudo beneficia os estudantes:*

Nesta investigação, os investigadores pretendem descobrir as razões pelas quais os alunos selecionam e as razões pelas quais não selecionam a disciplina de Biologia. Se os alunos estiverem plenamente conscientes das razões da seleção e da não seleção, poderão então desenvolver um apreço pela Biologia. Além disso, os alunos aperceber-se-ão do valor de possuir habilitações em Biologia. Consequentemente, muitos mais alunos ficarão intrinsecamente motivados para selecionar e fazer a disciplina para o exame CSEC e, assim, garantirão que a disciplina de Biologia continue a ser oferecida na escola.

- *Como é que o estudo beneficia os professores:*

O professor de biologia dessa escola utilizará os resultados e, assim, estará mais bem equipado para responder às várias necessidades dos alunos de biologia. Estará mais apto a comunicar aos alunos o que é a disciplina, o que ajudará a fazer com que os alunos escolham a disciplina. Além disso, o professor aumentará a qualidade do ensino, cativando assim o interesse dos alunos e despertando a sua curiosidade. De acordo com Bandura (1979), a atenção é a componente chave da aprendizagem. Poderá haver uma maior utilização de induções mais cativantes e de estratégias de ensino mais inovadoras. Essas estratégias podem incluir a aprendizagem por descoberta e pode ser utilizada uma abordagem construtivista.

- *Como o estudo beneficia o Ministério da Educação e a escola.*

Alguns investigadores concluíram que os interesses institucionais são dominantes na escolha das disciplinas. As políticas escolares e governamentais determinam a forma como as escolas são organizadas. Os especialistas curriculares poderão planear actividades melhores e mais estimulantes para os alunos no domínio da Biologia, de modo a cativar a atenção dos alunos e ver como podem ligar a Biologia à sua vida quotidiana mais próxima, encorajando assim os alunos a optar pela disciplina. Os professores verão as razões que os alunos dão para escolher a Biologia e utilizá-las-ão para planear experiências de aprendizagem significativas para os alunos. Os diretores também estarão em melhor posição para tomar decisões mais informadas sobre a organização escolar, as políticas, o horário e as opções de disciplinas.

Harland et al (2003) afirmam que os factores que afectam a escolha das disciplinas escolares pelos alunos são importantes para a avaliação de alguns aspectos-chave da política educativa. Se os responsáveis pela política educativa estiverem cientes das várias razões pelas quais os alunos não escolhem Biologia, poderão planear políticas e defender a implementação dessas políticas que servirão para motivar e encorajar os alunos a fazer a disciplina. A escola que está a ser investigada beneficiará imenso porque saberá exatamente porque é que os alunos não escolhem Biologia e, assim, poderá obter uma variedade de materiais didácticos para ajudar os alunos a compreender os conceitos de Biologia. Esses materiais podem ser audiovisuais, como televisores com cassetes, retroprojectores, rádios e computadores. Variar a forma como a matéria é ensinada pode ser uma medida positiva para os professores de ciências da escola. Por exemplo, em vez de utilizar apenas o ensino expositivo, pode ser utilizado o ensino por descoberta ou também o ensino em equipa. Tudo isto servirá para encorajar os alunos a fazer a disciplina e para os ajudar a desenvolver uma apreciação pela mesma.

Delimitações

Este estudo procura obter as razões para a seleção e não seleção da disciplina de Biologia numa escola secundária do distrito sete. Também analisa a razão pela qual os alunos abandonam a disciplina de biologia nesta escola secundária em particular. Este estudo tem os seus limites na medida em que se centra apenas nessa escola secundária específica do distrito sete e, por conseguinte, os resultados podem não se aplicar a outras escolas secundárias, uma vez que o problema é exclusivo desta escola secundária. Só foram utilizados alunos da quarta classe e um professor de Biologia da escola onde este problema persiste.

Definição de termos

- ***Seleção;*** é a capacidade de um indivíduo escolher
- ***Não seleção:*** é a capacidade de um indivíduo escolher não escolher.
- ***Biologia;*** é o estudo dos seres vivos e da forma como interagem entre si e com o ambiente.

- ***Distrito sete;*** nome dado à divisão da zona de ensino na qual estão agrupados todos os alunos da região sudoeste.

Plano de investigação

Segue-se um esquema que permitirá ao investigador saber exatamente como proceder às investigações.

Metodologia do estudo

Seleção de tópicos;

O investigador escolheu este tema porque ele próprio foi aluno de Biologia e também já ensinou Biologia numa escola secundária. Ele está bem ciente dos problemas que os alunos enfrentam na seleção e não seleção das disciplinas de ciências, especialmente Biologia. No distrito sete, o investigador está ciente do facto de que existe um problema profundo com os alunos que selecionam Biologia numa determinada escola secundária. Os alunos têm relutância em escolher Biologia e o investigador quer investigar as razões pelas quais os alunos não escolhem a disciplina e também as razões pelas quais escolhem a disciplina quando a escolhem.

Conceção do estudo;

Este estudo é um inquérito em que o investigador pretende investigar as razões da seleção e não seleção da disciplina de Biologia numa escola secundária do sétimo distrito. De acordo com Cohen, Manion e Morrison (2000), "Tipicamente, os inquéritos recolhem dados num determinado momento com a intenção de descrever a natureza da condição existente, ou de identificar padrões em relação aos quais as condições existentes podem ser comparadas, ou de determinar as relações que existem entre eventos específicos" (p. 169). O inquérito será descritivo e, como tal, recolherá e analisará dados qualitativos. De acordo com o Comité de Investigação do Sir Arthur Lewis Community College (2005, p.11), as etapas envolvidas na realização de um inquérito são as seguintes

1. Definir o problema de investigação e identificar as variáveis relacionadas.
2. Rever a literatura relacionada com o problema de investigação, definir melhor o

problema de investigação e desenvolver a conceção adequada do inquérito.

3. Identificar a população do inquérito, os procedimentos de amostragem e, em seguida, efetuar o processo de amostragem.
4. Desenvolver os instrumentos e, em seguida, efetuar um teste-piloto de todos os instrumentos, a fim de os modificar, se necessário.
5. Recolher os dados necessários para responder às questões de investigação.
6. Organizar os dados recolhidos para análise
7. Analisar os dados recolhidos para responder às questões de investigação
8. Resumir os resultados ou conclusões.

População do estudo:

O estudo consiste num total de um professor de Biologia, sete alunos da quarta classe que escolheram a disciplina de Biologia e vinte e cinco alunos da quarta classe que não escolheram Biologia. Também houve um total de três alunos que abandonaram a disciplina de Biologia. Dos alunos que escolheram Biologia, há três do sexo masculino e quatro do sexo feminino. Do grupo de alunos do quarto ano que não selecionaram Biologia, há quinze do sexo feminino e apenas dez do sexo masculino. Entre os três alunos que desistiram de Biologia, havia uma mulher e dois homens. No total, o estudo é constituído por trinta e cinco alunos, um professor de Biologia e o diretor.

Instrumentos:

Neste estudo serão utilizados dois instrumentos, nomeadamente:

1. um questionário estruturado que facilitará a recolha de dados quantitativos

2. Uma entrevista semi-estruturada que facilitará a recolha de dados qualitativos.
3. uma escala de classificação

<u>Procedimentos de validação e aplicação dos instrumentos</u>

A validade refere-se à adequação das inferências que são feitas com base nos dados recolhidos, enquanto a fiabilidade se refere à consistência em termos de recolha dos mesmos dados ao longo do tempo junto dos mesmos participantes (Gronlund, 1998). A validação dos instrumentos é de extrema importância, uma vez que pode ajudar o investigador a fazer recomendações que visem a melhoria da escola secundária em estudo.

a. A primeira etapa da realização do estudo consistiu em definir os objectivos e as objectivos da investigação. As finalidades foram enunciadas sob a forma de tema de investigação e os objectivos de investigação foram delineados sob a forma de questões de investigação.
b. O investigador selecionou então os recursos e a população-alvo a utilizar. Além disso, solicitou a autorização e a cooperação dos diretores e professores da escola em que se encontrava a população.
c. O investigador solicitou o consentimento formal de todas as pessoas identificadas como participantes no estudo. Uma vez obtido o consentimento dos participantes, ser-lhes-á assegurado (1) o seu anonimato nos exercícios e (2) a confidencialidade das suas respostas (Gall e Borpy 1996)
d. Em seguida, o investigador escolheu e desenvolveu as técnicas de recolha de dados. Os questionários e as entrevistas foram as duas técnicas ideais para os objectivos do investigador, pelo que foram implementadas.
e. O investigador entregará os instrumentos ao seu supervisor para serem verificados.
f. O investigador irá então testar os instrumentos noutra escola secundária de outro distrito. Uma amostra representativa de participantes com caraterísticas semelhantes às dos participantes do estudo do investigador. O investigador dará aos alunos tempo suficiente para responderem aos questionários.
g. Com base nos resultados do exercício-piloto e nas recomendações do supervisor, o investigador procederá a ajustamentos nos instrumentos.
h. O investigador administrará os instrumentos modificados à amostra do estudo, composta por alunos, professores e diretor, num ambiente tranquilo na escola.

Procedimentos de recolha de dados

Seguem-se os procedimentos de recolha de dados que o investigador tenciona aplicar ao longo do seu estudo.

1. Obter a autorização do diretor e de outros funcionários competentes para realizar o estudo.
2. Dirigir-se à escola para obter informações sobre o número de alunos que optaram por fazer química nos últimos cinco anos.
3. Selecionar aleatória e propositadamente a amostra para o estudo
4. Preparar o questionário e as perguntas a colocar na entrevista.
5. O supervisor analisará o instrumento e fará recomendações ao investigador
6. Validação de instrumentos

a) O investigador procederá às correcções necessárias nos instrumentos

b) Pilotar todos os instrumentos que têm de ser administrados aos alunos e professores

c) Organizar momentos adequados para entrevistar o diretor e os professores

7. Combinar com o diretor e o professor cooperante as horas adequadas para que os alunos possam responder aos questionários
8. Administrar os instrumentos
9. Codificar os dados recebidos
10. Comunicar as conclusões e fazer recomendações

Capítulo 2

Metodologia do estudo

O objetivo deste capítulo é descrever integralmente os procedimentos utilizados para executar as diferentes tarefas do estudo.

Conceção do estudo e tipo de investigação.

De acordo com Cohen & Manion (2000), um inquérito é um método descritivo que recolhe dados num determinado momento com a intenção de descrever a natureza das condições existentes, ou de identificar padrões em relação aos quais as condições existentes podem ser comparadas, ou de determinar as relações que existem entre eventos específicos. O foco de qualquer inquérito é o que os inquiridos são capazes e estão dispostos a verbalizar ou registar na situação do inquérito. A conceção da investigação a utilizar neste estudo é um inquérito descritivo. McMillan e Schumacher (1997) afirmam que "a conceção da investigação é o plano e a estrutura da investigação utilizada para obter provas que permitam responder à pergunta de investigação" (p.20). Depois de ter lido sobre diferentes concepções, o investigador chegou à conclusão de que o foco do estudo se prestava à investigação descritiva por inquérito. Algumas das vantagens de utilizar uma conceção de inquérito no contexto deste estudo são as seguintes

- Fornece uma conceção de investigação eficiente e económica para os dados recolhidos.
- Recolhe informações normalizadas, uma vez que são utilizados os mesmos instrumentos para todos os participantes.
- Permite ao investigador a capacidade de generalizar dentro de um determinado parâmetro.
- O investigador pode fazer afirmações que são apoiadas por um grande banco de dados.
- As concepções de inquérito podem fornecer ao investigador informações descritivas, inferenciais e explicativas (Morrison, 1993).

Este modelo de investigação específico foi aprovado pelo supervisor do investigador. É o melhor modelo a utilizar para este estudo porque McMillan e Schumacher (1997) afirmam que os inquéritos descritivos são utilizados principalmente para conhecer as atitudes, os comportamentos, as opiniões e os desejos das pessoas e, neste estudo, serão analisadas as razões dos alunos para a seleção e a não seleção de Biologia, o que implicaria analisar as suas atitudes em relação ao tema . Best e Kahn (1993) afirmam ainda que o inquérito "recolhe dados de um número relativamente grande de casos num determinado momento. Não se preocupa com as caraterísticas dos indivíduos enquanto indivíduos. Preocupa-se com estatísticas generalizadas que resultam quando os dados são abstraídos de um número de casos individuais e é essencialmente transversal." Neste estudo, o foco não está num fenómeno isolado que pode estar associado a uma criança, mas procura encontrar uma razão para o problema identificado na população. Ou seja, procura-se saber porque é que a maioria dos alunos não escolhe a disciplina de Biologia na escola. De acordo com Cohen, Manion e Morrison (2000), "Tipicamente, os inquéritos recolhem dados num determinado momento com a intenção de descrever a natureza das condições existentes', ou identificar padrões com os quais as condições existentes podem ser comparadas, ou determinar as relações que existem entre eventos específicos" (p. 169)

Aplicação do inquérito

Na secção de implementação, o investigador utilizou o procedimento proposto por McMillan e Schumacher (1997) para os inquéritos. Uma vez que o procedimento foi muito eficaz no seu estudo, o investigador adaptou o conjunto de procedimentos de modo a poder utilizá-lo neste estudo atual. O procedimento será adaptado de modo a poder ser utilizado com a população e a amostra actuais dos investigadores. Os passos adaptados são os seguintes:

1. O investigador definiu as finalidades e os objectivos da investigação educacional. Utilizou as suas questões de investigação para tornar claro o objetivo da investigação. Os principais objectivos desta investigação foram

    i. Descobrir as razões pelas quais os alunos escolhem Biologia nesta escola secundária em particular

    ii. Descobrir as razões da não seleção de Biologia nesta escola secundária

iii. Para descobrir as razões pelas quais os alunos abandonam a disciplina de Biologia numa escola secundária do distrito sete.

O objetivo do estudo tinha de ser indicado para que o investigador não se enganasse de forma alguma sobre a razão para realizar este estudo. Permitiu ao investigador concetualizar melhor o estudo e concentrar-se nas questões de investigação e no tema em questão.

A segunda etapa do conjunto de procedimentos proposto por McMillan e Schumacher (1997) consiste em selecionar a população-alvo e os recursos a utilizar. O investigador selecionou a amostra da sua população com muito cuidado, tentando envolver o maior número possível de pessoas, uma vez que o estudo era do tipo inquérito. As pessoas envolvidas foram notificadas da sua participação e a confidencialidade foi assegurada.

Em terceiro lugar, o investigador desenvolveu técnicas e estratégias de recolha de dados. As duas técnicas utilizadas foram a entrevista e o questionário. O questionário foi escolhido como instrumento porque é uma forma muito rápida de obter muita informação. Além disso, o questionário é uma forma muito económica de recolher dados. A entrevista foi escolhida porque o investigador queria ter uma compreensão mais aprofundada dos dados recolhidos do que a que pode ser fornecida pelo questionário. O investigador queria compreender efetivamente como se sentiam alguns dos participantes. McMillan e Schumacher (1997) afirmam que o questionário e a entrevista são as duas técnicas mais frequentemente utilizadas para a recolha de dados.

Nesta etapa, os instrumentos foram pilotados. Isto foi feito para garantir que os instrumentos estavam bem editados e que todos os participantes do grupo da amostra piloto os compreendiam claramente. O teste-piloto foi efectuado na segunda escola do distrito sete. Os participantes envolvidos neste teste-piloto eram idênticos à população da amostra dos investigadores.

O passo seguinte no conjunto de procedimentos envolveu a amostragem. O investigador efectuou uma amostragem aleatória simples na escola investigada e também uma amostragem intencional. A amostragem aleatória simples foi feita entre o conjunto de alunos que não selecionaram Biologia. A amostragem intencional teve de ser feita, uma vez que só havia sete alunos que escolheram a disciplina de Biologia e apenas três que abandonaram a disciplina. O investigador teve de se reunir com cada um dos grupos de alunos; os alunos do 4º ano que não escolheram Biologia e os alunos do 4º ano que escolheram Biologia. Também se encontrou com os três alunos

que tinha abandonado a disciplina. A razão para se encontrar com os estudantes prende-se com o facto de o investigador querer ser ético na sua investigação e querer obter a autorização dos participantes para realizar a investigação.

A última etapa deste conjunto de procedimentos, tal como proposto por McMillan e Schumacher (1997), é a distribuição dos questionários. Os questionários foram entregues aos vários grupos de alunos em alturas diferentes, no mesmo dia. Isto assegurou que o investigador recolhesse todos os questionários posteriormente.

População e participantes

O investigador identificou a escola do distrito sete que pretendia estudar. O supervisor do investigador concordou que ele realizasse o estudo nessa escola e, assim, o investigador começou a identificar a população a ser utilizada nesse estudo. A população consistia num total de um professor de Biologia, o diretor, sete alunos da quarta classe que escolheram a disciplina de Biologia, vinte e cinco alunos da quarta classe que não escolheram Biologia e três alunos que desistiram de Biologia. Como se pode ver na tabela 5, dos quatro alunos que escolheram Biologia, há três do sexo masculino e quatro do sexo feminino. A tabela 5 mostra que, do grupo de alunos do quarto ano que não selecionaram Biologia, havia quinze do sexo feminino e dez do sexo masculino. No total, a população do estudo era constituída por trinta e dois alunos, o diretor e um professor de Biologia. Apenas um professor foi incluído neste estudo, porque o investigador pretendia, tanto quanto possível, obter as razões dos alunos para a sua seleção ou não seleção da disciplina de Biologia. A escola que está a ser estudada situa-se numa zona rural e é normalmente considerada como uma escola de baixo rendimento segundo os padrões do Ministério da Educação. É considerada como uma das escolas com pior desempenho na ilha. Os alunos são admitidos numa das duas escolas do distrito através de um exame que abrange toda a ilha (Common Entrance Examination). Os alunos que obtêm as classificações mais baixas neste exame são geralmente enviados para esta escola

Tabela 5: O número de alunos do sexo masculino e feminino que selecionaram e não selecionaram a disciplina de Biologia no nível da quarta classe.

Número de estudantes do sexo masculino que selecionaram Biologia	Número de estudantes do sexo feminino que selecionaram Biologia	Número de estudantes do sexo masculino que ***não selecionaram*** Biologia	Número de estudantes do sexo feminino que ***não selecionaram*** Biologia
3		4	10
		15	

O quadro 6 serve para mostrar a repartição da população. Revela informações pertinentes sobre o número de homens e mulheres, o professor e também o nível de formação dos alunos que participaram neste estudo.

Tabela 6: O número de homens e mulheres que participaram no estudo nos vários níveis de ensino e o número de professores envolvidos.

De níveis	N.º de homens	N.º de mulheres	Não diretores	de N.º de
Formulário 4	14	21	1	1

As amostras da população mais alargada tiveram de ser recolhidas por várias razões, mas sobretudo devido às capacidades intelectuais dos participantes em estudo. Monroe (2006) descreveu as caraterísticas cognitivas de uma amostra semelhante. A sua identificação das caraterísticas cognitivas dos alunos do quarto ano, um resumo de Good e Brophy (1984), afirma que "os alunos desta faixa etária encontram-se na fase formal da teoria do desenvolvimento cognitivo de Piaget. Nesta fase, possuem três caraterísticas principais;

1. Raciocínio hipotético e simbólico
2. O pensamento torna-se mais científico à medida que se desenvolve a capacidade de gerar e testar todas as combinações lógicas pertinentes a um problema e
3. "Surgem preocupações sobre identidade e questões sociais". (p.14).

Jean Piaget classificou estes alunos como estando no estádio operacional formal. Nesta fase, os alunos são capazes de pensar logicamente e de procurar ideias abstractas. Tendo em conta este facto, o investigador optou por utilizar esses alunos, uma vez que podem ter a capacidade de perceber que o ensino da Biologia explora questões da vida real e do mundo quotidiano e que a Biologia é cada vez mais vista como tendo um potencial para dar um contributo significativo para a política, a investigação e os negócios. Isto levou o investigador a implementar um processo de amostragem estratificado e intencional.

Procedimentos de amostragem

Talbot e Edwards (1999) defendiam a amostragem estratificada e o investigador considerou que este tipo de amostragem seria um procedimento de amostragem adequado para este estudo. No processo de amostragem estratificada, uma grande população é subdividida em grupos homogéneos mais pequenos, tendo cada grupo caraterísticas semelhantes às da população maior. Garante uma representação adequada de cada grupo e que a amostra reflecte um verdadeiro reflexo da população em geral (p.34). Nesta escola secundária em particular, o investigador não podia inquirir toda a população; como resultado, foi implementado um processo de amostragem estratificada juntamente com o processo de amostragem intencional. O investigador apercebeu-se de que, se tivesse de inquirir toda a população, obteria uma grande quantidade de dados qualitativos, o que acabaria por se revelar um esforço de análise fastidioso.

Para os estudantes que escolheram Biologia, foi efectuada uma amostragem intencional devido ao pequeno número de estudantes que optaram por esse curso. Este processo de amostragem intencional é um tipo de método de amostragem não probabilística. Havia apenas sete alunos na sala de aula e, por isso, o investigador optou por utilizar os sete alunos como participantes neste estudo. O investigador utilizou este tipo de amostragem porque tinha um objetivo em mente; queria obter todas as razões para a escolha da Biologia por estes alunos. No que diz respeito aos alunos que não escolheram Biologia, o investigador escolheu os seus participantes através de uma amostragem aleatória simples. Para o efeito, permitiu que os alunos mergulhassem num saco cheio de números iguais de um e dois. Se um aluno obtivesse o número um, seria considerado como possível participante neste estudo. No entanto, se o aluno obtivesse um número dois, não seria considerado como participante neste estudo. Esta amostragem aleatória simples permitiu uma seleção imparcial dos alunos. Permitiu uma seleção equitativa dos alunos.

Instrumentos

Neste estudo, o investigador optou por utilizar os seguintes instrumentos

- Uma entrevista semi-estruturada
- Um questionário
- Uma escala de classificação

Foi utilizada uma entrevista semi-estruturada juntamente com questionários. Talbot e Edwards (2014) afirmaram que os questionários dariam uma boa imagem dos elementos superficiais. Afirmaram que "as entrevistas permitem que as vozes dos participantes sejam ouvidas, orientando assim a análise e a interpretação de questões e acontecimentos complexos" (p.86). As entrevistas foram utilizadas porque permitem obter a história por detrás das experiências dos participantes, procuram obter informações aprofundadas sobre um tópico, podem ser utilizadas como acompanhamento de questionários e são um meio qualitativo de melhorar a validade e a fiabilidade dos inquéritos de investigação quantitativa Talbot et al (2013). Foi inicialmente concebida uma entrevista semi-estruturada que será utilizada para recolher dados do diretor e do professor de Biologia. Os dados produzidos a partir da entrevista foram registados em papel pelo investigador na íntegra.

Segundo Oppenheim (2000), um questionário não é apenas uma lista de perguntas ou um formulário a preencher; é essencialmente um instrumento científico de medição e de recolha de determinados tipos de dados. As questões selecionadas para os instrumentos foram em sintonia com o tema de investigação, as questões de investigação e as variáveis a medir. O investigador preparou os questionários, que foram distribuídos aos alunos que escolheram e aos que não escolheram Biologia para o CXC. Foram preparadas duas entrevistas separadas e diferentes para o diretor e o professor que ensinava Biologia na escola.

Os questionários visavam os vários subgrupos identificados anteriormente no estudo. Esses grupos eram os seguintes: os alunos que selecionaram Biologia, os alunos que não selecionaram Biologia e os alunos que desistiram de Biologia. Era imperativo que estes grupos fossem visados de modo a obter uma visão holística das razões para a seleção e não seleção de Biologia e também para obter as razões pelas quais os alunos abandonaram a disciplina. Para efeitos do presente estudo, o questionário foi selecionado como instrumento de seleção de dados, uma vez que permite obter dados quantitativos, obter informações úteis sobre os antecedentes, é fácil de construir e fácil de administrar. No questionário, foram utilizadas perguntas abertas e fechadas. As perguntas de tipo aberto são em menor número, uma vez que os inquiridos geralmente "não gostam de responder a essas perguntas", Talbot et. Al (2013, p.73). Para a elaboração do questionário, foram seguidas as seguintes etapas:

1. A investigação decidiu o objetivo do questionário,
2. O investigador falou com o supervisor do estudo e com os professores de educação do Sir Arthur Lewis Community College. Estas pessoas foram contactadas para que o investigador pudesse ter uma ideia das questões que o questionário tinha de abordar e da natureza do questionário.
3. O investigador decidiu o número e a natureza das perguntas a incluir no questionário, tendo em consideração que as questões que foram destacadas

tanto pelos livros lidos como pelos indivíduos com quem se falou (Gronlund 1998).

4. O investigador elaborou as perguntas de acordo com as regras e diretrizes para a elaboração de perguntas, tal como estipulado por Gronlund (1998), Krathwohl (1998) e Cohen, Manion e Morrison (2000). Algumas destas regras e diretrizes incluem:

   - Evite perguntas complicadas ou complexas.

   - Evitar perguntas redigidas de forma a dar resposta a outra pergunta do mesmo questionário.
   - Utilizar frases e linguagem fáceis de ler e compreender.
   - Assegurar que o questionário e os itens individuais são curtos e simples.
   - Certifique-se de que o contexto da pergunta efectuada é adequado.

6. O investigador reviu e editou as perguntas para se certificar de que estavam isentas de preconceitos, mediam as questões que pretendiam medir, eram simples e fáceis de compreender e responder e continham uma gramática correta e sem erros tipográficos.
7. Os itens foram dispostos numa ordem que era motivadora para os inquiridos e lógica em termos das questões abordadas. É de notar que, devido à natureza restritiva das perguntas da secção A, pode dizer-se que os inquiridos estavam motivados para responder ao questionário, uma vez que os itens do tipo resposta selectiva são fáceis de responder (Gronlund 1998).
8. As instruções para o questionário e o parágrafo introdutório foram preparados para garantir que os inquiridos respondessem de forma adequada às questões colocadas e que estivessem motivados para responder às questões, devido à inclusão do parágrafo introdutório. É de notar que o parágrafo introdutório indicava brevemente a relevância e o objetivo do questionário.

O terceiro instrumento utilizado na recolha de dados foi uma escala de likert. Uma escala de Likert consiste num conjunto de afirmações fechadas que indicam o valor ou a direção de algo. Os inquiridos indicam a sua concordância ou discordância com as afirmações, selecionando uma resposta de um conjunto de respostas possíveis. Estas escalas são utilizadas para medir atitudes ou percepções. De acordo com Dyer (1995), as escalas de likert são talvez uma das escalas mais utilizadas na medição da perceção. Neste estudo, o investigador pretende descobrir as razões pelas quais os alunos abandonaram também a disciplina de biologia. Esta questão de investigação requer a utilização de uma escala de likert para avaliar as atitudes e as percepções dos alunos em relação à disciplina. As escalas de Likert têm a vantagem de serem fáceis de utilizar e de conterem muitas perguntas fechadas, o que poupa tempo quando se pretende inquirir uma grande população. Algumas outras vantagens da utilização de uma escala de Likert no contexto deste estudo incluem as seguintes (Krathwohl 1998):

- A sua administração foi rápida e económica.
- Foram fáceis de pontuar, analisar e resumir.
- Os inquiridos passaram um período de tempo razoavelmente curto a preencher a escala de Likert.
- Os inquiridos não se aborreceram por terem de circular uma resposta para cada afirmação, ao contrário do que aconteceria se escrevessem uma resposta para cada afirmação.

Embora possa haver vantagens em utilizar uma escala de likert, também há desvantagens; os alunos podem não dar uma avaliação exacta das suas crenças, sentimentos, atitudes ou comportamentos. Isto pode fazer com que os dados recolhidos não sejam fiáveis.

Uma vez que o investigador não obteve um modelo de escala de likert para utilizar neste estudo, teve de desenvolver uma. As etapas seguidas para construir a escala de likert foram as seguintes (Popham 2008):

1. O investigador escolheu a variável a avaliar. A variável a ser avaliada foi os motivos relacionados com o abandono da disciplina de biologia por parte dos alunos.
2. O investigador construiu então uma série de afirmações desfavoráveis no que diz respeito à variável selecionada
3. As afirmações foram classificadas como positivas ou negativas com o conselho do professor supervisor dos investigadores, pelo que as afirmações ambíguas foram eliminadas da série de afirmações.
4. O investigador decidiu então os números e a formulação das opções de resposta

para todas as afirmações. As opções selecionadas foram as seguintes

- Concordo totalmente - SA
- Concordo - A
- Indeciso-U
- Discordar - D

- Discordo totalmente - SD

5. Em seguida, o investigador preparou as instruções para a escala de Likert. Isto foi feito para garantir que o inquirido respondia da forma adequada às afirmações dadas. Além disso, isto foi feito para garantir que os participantes estavam motivados para preencher o instrumento, tendo em conta que as instruções incluíam o objetivo do instrumento.

Durante o processo de recolha de dados, o investigador observou que seriam levantadas certas **questões éticas**. Essas questões incluíam o seguinte:

- A informação ao diretor da escola e ao professor de Biologia sobre os horários em que o estudo seria realizado na escola. Também foi pedida autorização ao diretor e ao professor de Biologia para utilizar a escola e uma amostra da população para este estudo. Foram também entregues aos alunos formulários de consentimento para os pais preencherem, de modo a garantir a sua participação no estudo.
- Dar a conhecer aos alunos que constituíram a amostra quem era o investigador, qual era o seu objetivo e como planeava utilizar os resultados desta investigação para melhorar o ensino e a aprendizagem da Biologia nessa escola secundária em particular no futuro.

Havia uma variável-chave que poderia ter sido extraída do tema do investigador. A partir dessa variável, surgiram muitas outras variáveis subordinadas. O quadro 6 apresenta a variável do tema de investigação e os aspectos-chave dessa variável.

Quadro 6: Aspectos-chave da variável do tema de investigação

Variável do tema de investigação	Aspectos fundamentais da variável
Razões para a seleção e não seleção de Biologia	1. Factores relacionados com o professor 2. Institucional/escolar factores relacionados 3. factores relacionados com os estudantes

Os instrumentos foram testados como piloto noutra escola secundária do mesmo distrito. Foi utilizada uma amostra representativa de participantes com caraterísticas semelhantes às dos participantes no estudo dos investigadores. O objetivo do teste-piloto dos instrumentos era que o investigador verificasse se os instrumentos estavam estruturados de forma adequada. Além disso, o teste-piloto serviu para ver até que ponto os participantes compreendiam as instruções e os itens do instrumento. Ao administrar este exercício de pilotagem, o investigador tentou garantir a validade e a fiabilidade dos instrumentos. A partir do teste-piloto dos instrumentos, o investigador apercebeu-se de que um item do questionário estava um pouco defeituoso. Por conseguinte, o instrumento foi modificado. O Quadro 7 mostra uma relação direta entre as questões de investigação e os instrumentos utilizados no processo de recolha de dados.

Quadro 7: Questões de investigação e instrumentos utilizados para a recolha de dados

Investigador Perguntas	Instrumento utilizado	Exemplos de perguntas
Quais são os objectivos do aluno? razões para o questionário seleção de Biologia pelos alunos?	**Os diretores entrevista**	**De um modo geral, considero a Biologia muito..: Difícil Fácil de gerir** **Em que disciplina(s) é/são oferecida(s) a disciplina de Biologia?**
	Do professor entrevista	**Com base na sua experiência, o que pensa que são algumas das razões que contribuíram para que os estudantes seleccionassem a biologia para o CXC?**
Quais são os objectivos do aluno? razões para o não preenchimento do questionário seleção de biologia pelos alunos?	**Os diretores entrevista**	**Porque é que escolheu/ não escolheu Biologia para CXC?** **Na sua opinião, quais são alguns dos factores que contribuem para a não seleção dos alunos de Biologia para o CXC nesta escola?**
	Professores entrevista	**Considera que as quatro disciplinas do formulário o agrupamento contribui para a seleção ou não seleção dos alunos na disciplina?**

Investigador Perguntas	Instrumento utilizado	Exemplos de perguntas
Quais são os razões por que estudantes que tenham selecionado o sujeito acaba por desistir?	**Diretor a disciplina entrevista**	**Porque é que acha que os alunos abandonam biologia?**
	Estudantes Questionário	**Gosto de Biologia? Concordo fortemente Concordo Indeciso Não concordo Discordo totalmente**
	Professor s entrevista biologia?	**Que factores acha que contribuem para alunos que abandonam a disciplina de**

No quadro 8, é destacada a relação entre os itens do instrumento, as variáveis e as questões de investigação do estudo, de modo a que o investigador possa tornar claro como se fundem as componentes específicas do estudo.

Quadro 8: Relação entre os instrumentos de recolha de dados, os itens dos instrumentos, as variáveis e as questões de investigação (QR) do estudo

Questão de investigação	Variáveis	Fonte de dados	Instrumentos	Item de amostra Número do artigo
Quais são os razões para a seleção da Biologia pelos alunos?	Relacionado com os estudantes	Estudantes	Questionário	2,3,4,5,6,7,9,10
	Escola/instituição relacionados	Professor	Entrevista horário (professor	7,13,14,16,17
	Relacionado com o professor	Principal	Entrevista horário (Entrevista com o diretor)	2,4,6,8,9,10,11,
Quais são as razões para a não seleção de Biologia pelos estudantes?	Relacionado com os estudantes	Estudantes	Questionário	2,3,4,5,6,7,8,9
			Entrevista horário (professor)	2,8,9,10,13,15, 16,17,18
	Escola/instituição relacionados	Professor	Entrevista horário (Entrevista com o diretor)	7,8,9,10,11,12, 13,14
	Relacionado com o professor	Principal		

Questão de investigação	**Variáveis**	**Fonte de dados**	**Instrumentos**	**Item de amostra Número do artigo**
Quais são os razões porque estudantes que selecionaram o tema e acabaram por o abandonar?	Relacionado com os estudantes Escola/instituição relacionados Relacionado com o professor	Estudante Professor principal	Questionário Programa de entrevista (professor) Programa da entrevista (Principal entrevista)	8,9,10,11,12,19 2,9,10,11,12,16

Testes-piloto dos instrumentos

Os três principais instrumentos que o investigador utilizou neste estudo foram

- Uma entrevista semi-estruturada
- Um questionário
- Uma escala de likert

Para poderem ser utilizados na população identificada, estes instrumentos tiveram de ser objeto de um teste-piloto, a fim de eliminar quaisquer afirmações ambíguas, afirmações negativas ou afirmações que pudessem parecer indevidamente "orientadoras". O teste-piloto desses instrumentos também serviu para garantir uma maior fiabilidade e validade dos instrumentos. O investigador seguiu os seguintes passos no teste-piloto do seu instrumento.

1. O investigador identificou a escola que pretendia utilizar como escola-piloto.

Nesse caso, o investigador optou por utilizar outra escola secundária no mesmo distrito porque a escola se encontrava muito próxima da residência do investigador.

2. O investigador pediu então autorização ao diretor da escola e a um professor de Biologia da quarta classe. A natureza da autorização era tal que procurava obter a luz verde ou o aval do diretor para a utilização da escola como escola-piloto e para a utilização de uma amostra representativa da população original também como parte deste piloto.

3. O passo seguinte foi o investigador identificar uma amostra da população com as mesmas caraterísticas da amostra original planeada.

Para funcionar eficazmente, a amostra-piloto deve ser representativa da variedade de indivíduos que o estudo principal pretende abranger. Os inquéritos-piloto não precisam de representar, no sentido estatístico, as proporções corretas dos diferentes tipos de indivíduos na população, porque o objetivo não é estimar as verdadeiras proporções desses tipos, mas cobrir toda a gama de respostas que podem ser dadas a qualquer uma das possíveis perguntas do primeiro projeto de questionário. (Sapsford e Jupp, 1996, p.103 como citado em Opie, 2004, p. 104)

4. O investigador procedeu então à aplicação dos instrumentos à população da amostra piloto num ambiente confortável e descontraído.

5. Em seguida, foi efectuada uma revisão dos instrumentos. Os participantes foram convidados a criticar os instrumentos e a dar sugestões para a sua alteração.

Procedimento de recolha de dados

Os instrumentos modificados foram mostrados ao supervisor do investigador, a fim de verificar se as modificações eram corretas. Após as alterações recomendadas terem sido efectuadas e o supervisor ter aprovado os instrumentos, o investigador procedeu à administração dos instrumentos aos participantes no estudo. Dois dias antes da aplicação dos instrumentos, o investigador contactou o diretor e todos os outros professores que estiveram diretamente em contacto com os participantes no dia da aplicação dos instrumentos. Felizmente para o investigador, o diretor informou-o de que poderia utilizar todo esse dia na escola para recolher dados de todos os participantes envolvidos. O investigador não achou necessário enviar cartas aos pais dos alunos para obter o consentimento de participação, porque o diretor já lhe tinha dado autorização para utilizar os alunos como parte do seu estudo.

Os instrumentos foram aplicados no mesmo dia aos participantes. O questionário foi entregue aos alunos que não tinham selecionado Biologia durante o primeiro período do quarto dia (sexta-feira, 23 de novembro de 2007). Os alunos foram convidados a preencher os questionários enquanto o investigador supervisionava o processo e respondia a quaisquer perguntas que os alunos tivessem relativamente ao questionário e a comentários gerais. No que diz respeito aos alunos que escolheram Biologia, o mesmo procedimento foi utilizado durante o segundo e terceiro períodos, uma vez que tinham Biologia. O investigador não precisou de muito tempo, uma vez que só havia sete alunos nessa turma. Embora o investigador não tenha precisado de muito tempo com os alunos, teve de fazer uma entrevista de 40 minutos com o professor de Biologia. Esta entrevista de quarenta minutos com o professor de Biologia teve lugar nos aposentos dos técnicos de laboratório, enquanto o técnico de laboratório ocupava os alunos numa aprendizagem silenciosa. Este período de quarenta minutos decorreu durante o terceiro período e terminou num intervalo. Agradeceu-se a todos os participantes que estiveram envolvidos nas sessões da manhã.

No que diz respeito aos três alunos que abandonaram a disciplina, o investigador colocou-os numa área tranquila, o laboratório, durante o período de intervalo, e foi-lhes dada uma escala de classificação para preencher, a fim de ajudar o investigador a identificar as razões pelas quais abandonaram a disciplina. Durante o quarto e o quinto períodos, o investigador entrevistou o vice-diretor. O vice-diretor foi entrevistado em vez do diretor, uma vez que este não se encontrava no campus da escola. O investigador fez esta entrevista com o consentimento do seu supervisor. Após a entrevista, a vice-diretora foi agradecida e autorizada a prosseguir com a sua rotina diária.
Depois de o investigador ter recolhido todos os dados necessários para este estudo junto dos participantes, procedeu à análise desses dados.

Procedimentos de pontuação e análise de dados

Os dados recolhidos foram utilizados para responder às três questões de investigação colocadas pelo investigador. Os dados foram apresentados sob a forma de resumos descritivos e de gráficos e quadros comparativos. De acordo com Monroe (1998), os resumos "fornecem a ideia principal da resposta alargada e da análise estatística descritiva e das percentagens ou outras representações numéricas e são utilizados para analisar e sintetizar dados qualitativos". (p.25). O supervisor do investigador aconselhou-o a que os dados recolhidos a partir da escala de classificação fossem apresentados através de tabelas comparativas. E que não seria possível codificar os dados porque todas as afirmações da escala de classificação estavam formuladas de forma negativa. Com base no conselho do supervisor, o investigador utilizou alguns quadros comparativos para apresentar os dados recolhidos no estudo.

Capítulo 3

Análise de dados

Neste capítulo, o investigador analisará e apresentará os dados recolhidos na tentativa de responder às quatro questões de investigação do estudo. As razões para a seleção e não seleção do tema Biologia serão consequentemente abordadas em relação aos resultados dos dados. Os dados serão analisados por questão de investigação e serão de natureza quantitativa e qualitativa.

Questão de investigação número um

- Quais são as razões para a seleção da Biologia pelos estudantes?

É de salientar que apenas sete alunos (quatro do sexo feminino e três do sexo masculino) optaram pela disciplina de biologia e, por conseguinte, o questionário aplicado a esses alunos apenas permitiu obter as suas opiniões sobre as razões que os levaram a escolher a biologia. Os dados recolhidos, embora mínimos, representam a população de estudantes que escolheram a disciplina. As respostas a esta questão de investigação foram analisadas abordando-as através dos três aspectos da Variável do Tópico de Investigação, como se pode ver na tabela 9.

Quadro 9: Aspectos-chave da variável do tema de investigação

Variável do tema de investigação	Aspectos da variável
As razões para a seleção da Biologia Por estudantes	1. Factores relacionados com o professor 2. Institucional/escolar factores relacionados 3. razões relacionadas com os estudantes

Factores relacionados com o professor

Este aspeto da variável foi abordado por 9 itens dos instrumentos. Apenas dois itens do questionário do aluno relacionados com o professor, o item 5 e o item 3, e 7 itens da entrevista do professor. Estes foram os itens 4, 6, 7,12,13,14 e 16. No questionário do aluno, o primeiro e único fator do professor abordado foi uma pergunta destinada a saber se o professor de biologia torna a aula excitante, aborrecida ou razoável. O termo razoável, tal como foi explicado aos alunos, significava simplesmente que a disciplina podia ser ensinada melhor, ou seja, o ensino da disciplina não é aborrecido nem entusiasmante, mas os alunos têm uma opinião neutra sobre a forma como o professor dá a aula. Dos três alunos do sexo masculino que selecionaram biologia, dois deles (66%) afirmaram que o professor torna a aula razoável, enquanto um deles afirmou que o professor torna a aula empolgante. Entre os três alunos do sexo masculino, quando lhes foi pedido que indicassem a razão pela qual escolheram Biologia, os mesmos dois alunos que disseram que o professor torna a aula empolgante foram os mesmos que indicaram que foi o professor que os influenciou a escolher a disciplina. O aluno que disse que o professor torna as aulas de biologia razoáveis, indicou que a escolha da biologia foi para fazer experiências.

No que diz respeito às mulheres que escolheram a disciplina, duas das inquiridas afirmaram que escolheram Biologia porque o professor a tornava excitante. As outras duas inquiridas do sexo feminino afirmaram que o professor tornou a biologia razoável para elas. Nenhum dos alunos que escolheram a disciplina afirmou que o professor tornou a biologia aborrecida para eles. Embora duas alunas tenham afirmado que o professor torna a biologia entusiasmante, nenhuma delas indicou que escolheu a biologia por influência dos professores. Em vez disso, ambas afirmaram que escolheram biologia devido à sua dificuldade relativa e por motivos de carreira. Ao utilizar a opção "dificuldade relativa", o investigador teve de explicar aos alunos que isso significava que a disciplina não era difícil, mas sim que era suficientemente fácil de gerir para continuar.

Quadro 10: Razões pelas quais os alunos selecionaram Biologia

Razão para selecionar Biologia	homens	mulheres
Realizar experiências	16	0
Influência do professor	66	0
Devido à futura carreira	0	25
Influência dos pares	0	50
Dificuldade relativa	0	25

Havia sete itens da entrevista com o professor que tratavam diretamente dos factores relacionados com o professor, influenciando a seleção da disciplina pelos alunos. A primeira pergunta durante a entrevista incidiu sobre o tempo que o professor estava a ensinar. O professor respondeu afirmando que ensinava biologia há três anos, desde que a disciplina foi introduzida na escola. O professor acrescentou ainda que possui uma licenciatura em Ciências Curriculares e que possui também um certificado de professor na área. Além disso, o professor continuou a dizer que, durante o ensino da disciplina, gostava sobretudo do facto de poder relacionar aspectos da disciplina com situações da vida real que permitiriam aos alunos apreender melhor os conceitos. Este nível de entusiasmo demonstrado pelo professor em relação à disciplina foi mais tarde realçado quando indicou que por vezes utilizava uma abordagem de inquérito (descoberta guiada) para o ensino da disciplina. O professor disse: "Utilizo uma abordagem eclética para o ensino da disciplina, mas sobretudo utilizo a abordagem dos conteúdos e do laboratório.

Quando lhe foi pedido que explicasse as razões da escolha da disciplina de biologia pelos alunos, o professor afirmou que, na maioria das vezes, os alunos escolhem a disciplina devido à pressão dos colegas. Deixou claro que os alunos querem integrar-se com os amigos e, por isso, se os amigos escolhem a disciplina, eles também a escolhem automaticamente. Outra razão apontada pelo professor é que os alunos escolhem a disciplina porque "alguns alunos têm uma tendência natural para a disciplina e querem seguir carreiras no domínio das ciências mais tarde nas suas vidas".

A vice-diretora, que também já foi professora, foi entrevistada pelo investigador. A vice-diretora fez eco dos sentimentos da professora de biologia ao afirmar que acredita que as principais razões pelas quais os alunos escolhem a disciplina de biologia se devem à influência dos colegas e à possibilidade de seguirem uma carreira científica mais tarde. Prosseguiu dizendo que acha que os alunos são facilmente influenciados pelos seus pares e que passam diariamente por crises de identidade, pelo que o mais prudente seria escolherem a disciplina para alcançarem esse sentimento de identidade. Na pergunta 12 do guião da entrevista, perguntou-se à vice-diretora se as actividades realizadas nas aulas de biologia, por exemplo, laboratórios, experiências, SBA's, poderiam determinar o grau de motivação (nível de interesse dos alunos) de um aluno para fazer biologia. A esta pergunta, respondeu afirmando que essas actividades podem determinar em grande medida a motivação dos alunos para a disciplina. Além disso, afirmou que se o professor de biologia não tornar a disciplina atractiva, os alunos ficarão naturalmente desmotivados e, portanto, menos interessados em escolher ou fazer a disciplina. Se o professor tornar a disciplina atractiva, pode então atrair os alunos para a escolherem e, com actividades adicionais como laboratórios e experiências, pode despertar e manter a sua curiosidade e atenção.

Com base nos resultados dos dados, pode concluir-se que os factores relacionados com o professor são um fator importante que pode determinar se um aluno escolhe ou não a disciplina de Biologia.

Factores institucionais/escolares

Este aspeto da variável era muito vasto e abrangia muitos domínios. Estas áreas incluem: hora do dia, questões relacionadas com o horário e agrupamento de disciplinas. Para começar, perguntou-se à vice-diretora quando é que a disciplina de biologia foi introduzida na escola. Ela respondeu dizendo que "a disciplina foi introduzida a partir de 2002 e, como resultado, houve quatro grupos de alunos que fizeram os exames C-Sec". A Tabela 11 mostra o número médio de alunos que escolheram a disciplina desde o seu início, em 2002, em relação à população da terceira classe desse ano. Relativamente à população da terceira classe durante os últimos cinco anos, é de notar que uma média de 16% do número total de alunos escolhe a Biologia para o C-Sec todos os anos. O quadro mostra que, embora o número de alunos que escolhem esta disciplina seja pequeno e tenha efetivamente diminuído desde 2002, alguns alunos continuam a considerar importante escolher esta disciplina.

Hora do dia

A vice-diretora indicou que a maioria das aulas de biologia da quarta classe eram dadas à tarde. Esclareceu esta afirmação dizendo que "os períodos individuais de biologia ocorrem normalmente entre o intervalo e o almoço, enquanto os períodos duplos ocorrem após o intervalo do almoço". Além disso, disse: Além disso, disse: "O período da tarde em que a disciplina é oferecida aos alunos parece ser um período ideal, porque os alunos já terão este impulso educativo e já estarão numa disposição de aprendizagem das aulas da manhã.

Quadro 11; Número médio de alunos do terceiro ano que escolheram Biologia desde o seu início em 2002, em relação à população do terceiro ano

Ano	N.º de alunos que escolheram a disciplina	N.º três estudantes Na escola
2002	20	97
2003	18	90
2004	15	92
2005	13	97
2006	10	93
Média	15.2	93.8

A vice-diretora disse que "a biologia é oferecida sobretudo à tarde" e acredita que a hora do dia em que a disciplina é oferecida permite que a disciplina escolha a biologia, porque os alunos já têm o momento educativo desde cedo durante o dia. Como resultado, ela disse que os alunos estão mais concentrados, uma vez que já estariam no quadro cognitivo correto que permitiria a assimilação do trabalho escolar.

Apresentação do tempo

No horário, há 8 períodos de biologia por ciclo. O ciclo refere-se a um sistema de seis dias em que as disciplinas são oferecidas periodicamente. O ciclo começa no primeiro dia e vai até ao sexto dia. Há duas aulas duplas que ocorrem depois da pausa para almoço no primeiro dia e no quarto dia e quatro aulas individuais que ocorrem de manhã antes do período de almoço, separadamente no segundo dia, no terceiro dia, no quinto dia e no sexto dia. Em suma, a biologia é oferecida, em média, pelo menos um período por dia. A vice-diretora disse que

A diretora da escola, Maria de Lourdes, acredita que o número de períodos atribuídos ao ensino da biologia é fundamental para motivar os alunos para a disciplina. Segundo a entrevista com o diretor, "os alunos terão a sua curiosidade despertada e quebrar a frequência com que fazem biologia significa quebrar o seu interesse já despertado".

Agrupamento de temas

Os alunos têm a possibilidade de escolher a disciplina de biologia de entre dois grupos de disciplinas. As disciplinas em que a biologia é oferecida são apresentadas no quadro 12. Foi perguntado aos alunos, através do questionário, se a biologia era oferecida como uma das disciplinas no grupo de turma do C-Sec que frequentam atualmente. Do grupo de sete alunos que selecionaram biologia para o C-Sec, estes indicaram que a biologia era oferecida. Dois dos sete alunos afirmaram ainda que a biologia era oferecida contra disciplinas aborrecidas como o espanhol e a alimentação e nutrição. Por conseguinte, optaram pela biologia porque a consideraram uma disciplina mais interessante de aprender.

Grupo	***Disciplinas oferecidas***
4	Literatura inglesa, francês, princípios de Negócios, Geografia
6	Princípios de Contabilidade, técnico desenho/alimentação e nutrição, E.D.P.M, Estudos Sociais

Quadro 12: os grupos e as disciplinas em que a biologia é proposta

Importância do tema

O professor de biologia, quando questionado sobre se achava que a biologia era necessária nos programas escolares, deixou claro que "a biologia é importante porque permite aos alunos compreenderem não só a si próprios mas também o seu ambiente natural". O professor disse ainda que "a biologia no programa ajuda os alunos a apreciar o mundo e a vida". Como se pode ver nestas afirmações, o professor salienta o facto de a biologia ter uma importância crucial no currículo escolar.

Os dados indicam, portanto, que os factores institucionais e relacionados com a escola influenciam a seleção da disciplina de biologia. O fator mais predominante desta variável parece ser a forma como a disciplina é leccionada. Os alunos gostam da forma como a disciplina é leccionada e, consequentemente, estarão inclinados a escolher a disciplina.

Motivos relacionados com os estudantes

Este aspeto da variável foi abordado em quatro itens do questionário aos estudantes. Em primeiro lugar, foi pedido aos sete alunos que indicassem em que medida concordavam com a afirmação: "Gosto de biologia". Na tabela 13, pode ver-se que dois dos sete alunos que escolheram biologia disseram que concordam com a afirmação. Coincidentemente, esses dois alunos eram do sexo masculino e indicaram que foi o professor que os influenciou na escolha da disciplina. Um outro aluno do género masculino disse que concordava fortemente com a afirmação de que gostava de biologia. Entre as quatro mulheres que selecionaram a disciplina, duas (50%) disseram concordar fortemente com a afirmação de que gostam de biologia e uma disse concordar com a afirmação. A quarta mulher disse estar indecisa quanto ao facto de gostar ou não da disciplina. As alunas que disseram que estavam indecisas e que simplesmente concordaram em gostar de biologia foram as mesmas que indicaram que o professor tornou a biologia razoável para elas. Não houve alunos que discordassem da afirmação. Uma vez que os alunos tinham selecionado a biologia como disciplina do c-sec, tentaram, tanto quanto possível, concordar com a afirmação.

Foi perguntado aos alunos se consideravam a biologia uma disciplina importante e se indicavam as razões para tal. Todos os alunos que selecionaram a disciplina afirmaram que consideram a biologia importante para eles. As razões que apresentaram foram semelhantes. Um aluno do sexo masculino, que disse gostar de biologia com paixão, afirmou que a biologia é importante para ele porque o ajudaria a perseguir o futuro. Os outros dois alunos do sexo masculino afirmaram que a biologia é importante porque os vai ajudar a compreender o seu corpo e também o mundo que os rodeia. No que diz respeito às quatro mulheres que selecionaram biologia, duas delas afirmaram que a biologia é importante porque as ajudará a compreender o seu corpo. As outras duas mulheres afirmaram que a biologia é importante porque as ajudará nas suas carreiras futuras.

Tabela 13: Alunos que selecionaram biologia e o grau de gosto pela disciplina.

Em que medida os alunos gostam de biologia	percentagem de alunos que escolheram a opção
Concordo totalmente	42.8
De acordo	42.8
Indecisos	14.2
Não concordo	0
Discordo totalmente	0

Dos sete alunos que selecionaram a disciplina, quarenta e três por cento (43%) afirmaram que consideram a biologia fácil de gerir e foi por coincidência que esses três alunos indicaram que têm um desempenho médio na disciplina. Esses três alunos eram um do sexo feminino e dois do sexo masculino. Os restantes cinquenta e sete por cento (57%) dos alunos indicaram que consideram a biologia uma disciplina fácil. Estes alunos afirmaram também que têm um desempenho acima da média na disciplina.

Todos os estudantes indicaram que, se tivessem a oportunidade de escolher novamente a biologia, escolheriam-na. A razão mais recorrente apresentada pelas mulheres é o facto de a biologia ser divertida para elas e de precisarem dela para a sua carreira. Entre os três rapazes, dois deles afirmaram que escolheriam novamente a biologia porque gostam de fazer os laboratórios e as pequenas experiências.

Segunda questão de investigação

- Quais são as razões para a não seleção da biologia pelos estudantes?

Esta população de alunos que não escolheram a disciplina de biologia era constituída por vinte e cinco alunos. A amostra do estudo incluía também um professor de biologia e o vice-diretor. Esta questão de investigação será analisada e respondida através dos três aspectos principais da variável dos tópicos de investigação. A razão para o fazer é que a pergunta de investigação visa os factores que influenciam a seleção dos alunos. Todos estes factores se enquadram nos três aspectos.

Factores relacionados com os professores

Todos os vinte e cinco alunos que não escolheram a disciplina indicaram que não escolheram biologia porque o professor torna a aula aborrecida e, por isso, a disciplina parecia pouco atractiva. Oitenta por cento (80%) da população continuou a dizer que o professor pode tornar a aula de biologia mais interessante para os alunos se fizer mais experiências e levar os alunos a mais visitas de estudo. Os restantes vinte por cento (20%) dos alunos da amostra afirmaram que a biologia não pode ser tornada mais interessante para os alunos

Na entrevista ao professor, o professor de biologia indicou que "não gosto de ensinar biologia porque não gosto muito de certos temas como a genética e as visitas de estudo. Isto indica que as atitudes do professor podem ser uma das principais razões pelas quais tantos alunos não estão interessados em escolher a disciplina; os alunos podem não obter a motivação necessária do professor da disciplina. O professor também indicou que "não são raros os desafios no ensino da disciplina". Alguns dos maiores desafios que o professor enfrenta ao dar a aula são a falta de preparação dos alunos e a falta de tempo para a instrução. O professor disse que "os alunos basicamente não estão preparados para aprender. Não andam com os manuais escolares e participam de má vontade nas actividades científicas que lhes são propostas"

Outros desafios incluem a falta de financiamento para as actividades científicas e a falta de apoio da administração da escola. A falta de apoio da administração decorre do facto de os administradores não estarem dispostos a apoiar actividades de angariação de fundos e darem ao departamento de Ciências a última prioridade na atribuição de fundos. Estes desafios, de acordo com o professor, "são transmitidos aos alunos e estes não têm vontade de escolher as disciplinas ou mesmo motivação para continuar a fazê-las". O método de investigação através do trabalho de laboratório é uma das estratégias de ensino mais utilizadas pelo professor na sala de aula. Queixa-se, no entanto, que apesar de tentar implementar um método de descoberta guiada para a aprendizagem da biologia, "a maior parte das vezes a estratégia não funciona, pois o tempo é uma componente crítica para o sucesso desta abordagem". O professor está então consciente do facto de que a utilização dessa abordagem de receção de conteúdos é um dos factores que pode levar um aluno a não selecionar a disciplina ou a abandoná-la. A abordagem dos conteúdos no ensino da disciplina foi citada como um dos factores profundos que contribuem para a não seleção da disciplina. Relativamente à abordagem dos conteúdos no ensino da disciplina, o professor afirmou: "Nós, como professores de ciências, ensinamos para os exames e não para criar mudanças significativas na vida dos alunos". "Os alunos vêem a biologia como tendo demasiados apontamentos e, na maioria das vezes, como professor, considero fundamental dar aos alunos apontamentos sobre todos os tópicos que ensino para que possam compreender os conceitos."

Quando questionado sobre as razões que o levam a pensar que os alunos não escolhem a disciplina, o professor de biologia afirmou que, na sua opinião, as principais razões se devem ao nível de dificuldade da disciplina e ao facto de os alunos não terem conhecimentos suficientes da disciplina para a seguirem a um nível superior. Ele disse que "os alunos têm esta perceção da ciência desde as escolas primárias e secundárias, de que é uma disciplina difícil, e vão ver qualquer ciência como sendo difícil". O vice-diretor fez eco, na sua entrevista, do sentimento de que os alunos "têm medo de entrar em disciplinas sobre as quais não têm conhecimentos profundos". O vice-diretor fez eco do sentimento de que os alunos "têm medo de entrar em disciplinas sobre as quais não têm conhecimentos profundos". Com base nestas afirmações, é evidente que o professor e o vice-diretor pensam que os alunos não fazem a disciplina. No que diz respeito à pergunta doze da entrevista da diretora, esta indicou que as actividades na sala de aula, como os laboratórios, podem ajudar muito a obter e a manter a atenção dos alunos na sala de aula. A razão que a levou a dizer isto é o facto de ter afirmado que "os alunos não têm escolhido a disciplina devido à fraca divulgação da mesma por parte dos professores de ciências. Na verdade, eles não a tornam nada atractiva para os alunos".

Factores relacionados com a instrução/escola

Relativamente a este aspeto da variável, foi perguntado aos alunos se o agrupamento de disciplinas os impedia de escolher a disciplina de biologia. Cinquenta e seis por cento (56%) da população da amostra afirmaram que a biologia é oferecida no grupo de aulas c-sec. Afirmaram que a biologia era oferecida em detrimento de disciplinas como os princípios de negócios, geografia e francês no grupo de disciplinas três e em detrimento de disciplinas como E.D.P.M., princípios de contabilidade e desenho técnico. Alguns estudantes de gestão indicaram que não podiam escolher biologia porque estão no curso de gestão e a biologia é oferecida no mesmo grupo que os princípios de contabilidade e os princípios de gestão. Este agrupamento não permite que os estudantes seleccionem a disciplina. Os estudantes de línguas estrangeiras disseram que não podiam escolher biologia porque "ofereciam biologia contra o que eu queria fazer". Os outros quarenta e quatro por cento da população indicaram que estavam mais interessados no E.D.P.M. e nas disciplinas técnicas.

Quando se perguntou ao professor de biologia se a escola está equipada com os materiais necessários para o ensino da biologia, ele disse: "na maior parte das vezes, eu, como professor, tenho de improvisar e fazer um uso eficiente do pouco equipamento que a escola possui". O professor continuou a indicar que não se encontram na escola aparelhos como grelhas de microscópio e pinças de venier. Consequentemente, acrescentou que a falta de equipamento na escola era um dos factores que contribuía para a não seleção da biologia na escola. O professor afirmou que "os alunos precisam de estar envolvidos na manipulação de materiais e de equipamento científico para se sentirem suficientemente motivados para escolher a disciplina em primeiro lugar. Devido à nossa situação aqui, não me posso dar ao luxo de ter os alunos de biologia a brincar com materiais a toda a hora. Quando os alunos do terceiro ano vêem isso, não ficam com vontade de escolher a disciplina"

O vice-diretor da escola referiu que pensa realmente que a hora do dia em que a disciplina é oferecida tem uma influência direta na escolha da disciplina por parte dos alunos. Indicou que "apesar de alguns alunos gostarem das horas em que a biologia é oferecida, acredito firmemente que oferecer biologia de manhã e à tarde afecta, na maioria das vezes, a seleção da disciplina". Além disso, afirmou que "à tarde, os alunos estão cognitivamente cansados e, além disso, sentem-se desmotivados com as actividades depois do almoço". O vice-diretor indicou que na escola, apesar de não haver um critério definido para a seleção dos alunos para a disciplina, a biologia será dada aos alunos que tenham um desempenho razoável em ciências nos níveis inferiores. Assim, com base nisto, o vice-diretor afirmou que "é evidente que os alunos com bom desempenho em ciências nos níveis inferiores são incentivados a fazer biologia e isto pode ser um problema. Se os alunos não gostarem da disciplina, abandonam-na e os alunos com fraco aproveitamento em ciências, ao aperceberem-se deste tratamento preferencial, ficam frustrados e não escolhem a disciplina".

Motivos relacionados com os estudantes

Da população total de vinte e cinco alunos, setenta e dois por cento (72%) desse total indicaram no questionário que discordam fortemente da afirmação que diz "Gosto de biologia". Entre os outros vinte e oito por cento dos inquiridos, treze por cento (13%) indicaram que discordam da afirmação e os restantes quinze por cento (15%) disseram que estão indecisos sobre a afirmação. Nenhum dos inquiridos concordou com a afirmação. Quando questionados sobre a razão pela qual não selecionaram a disciplina para o CSEC, pode ver-se na tabela 14 que oitenta por cento (80%) dos estudantes disseram que era demasiado difícil. Entre os outros vinte por cento (20%), cinco por cento (5%) disseram que não sabiam e os outros cinco indicaram que era devido à influência dos colegas. Os restantes dez por cento indicaram que não o escolheram devido às suas futuras carreiras. Os alunos continuaram a justificar a sua não seleção da biologia afirmando que não é importante para eles porque as suas futuras carreiras não são na área das ciências. Também fizeram afirmações como "a biologia não faz sentido e tem demasiados apontamentos", porque devido a esta grande quantidade de apontamentos vêem automaticamente a disciplina como sendo difícil. Além disso, os alunos indicaram que, ao nível da terceira classe, o seu professor tornou a biologia aborrecida para eles. Os alunos fizeram declarações como: "Se tivesse de voltar a escolher as minhas disciplinas, não escolheria biologia porque não quero ser médico e, além disso, é aborrecida".

Quadro 14; razões dadas pelos alunos para não escolherem biologia e percentagem de alunos que indicou o motivo.

Percentagem de estudantes	Razões para a não seleção da biologia
80	Demasiado difícil
10	Carreira futura
5	Influências dos pares
5	Indecisos

O professor de biologia deixou claro que os alunos não escolhem a disciplina principalmente porque "os professores das escolas primárias e dos primeiros anos fizeram um trabalho horrível para tornar a ciência interessante para os alunos e, como resultado, os alunos acabam por desenvolver uma atitude negativa em relação à disciplina de ciências". Tanto o professor como o vice-diretor consideram que os professores das classes mais baixas não tornam a disciplina suficientemente atractiva para estimular o interesse dos alunos. Os alunos não vêem a importância da biologia na sua vida quotidiana e, por isso, não escolhem a disciplina. O professor de biologia declarou ainda que "os alunos não têm uma atitude positiva em relação à disciplina. Têm tendência a pensar que a disciplina é uma perda de tempo". O professor indicou então que este é um dos desafios que tem de enfrentar no ensino da disciplina. "O facto de os alunos não estarem preparados cognitivamente está a dar cabo de mim. Na maior parte das vezes, dou por mim a ensinar aos alunos a importância da biologia em vez de lhes dar o conteúdo a ensinar." O professor considera que a preparação dos alunos para a aula é uma das razões para a não seleção da disciplina.

Tanto o professor de biologia como o vice-diretor mencionaram o facto de a escola ser uma escola não académica, o que significa que os alunos podem não ser cognitivamente capazes de lidar com as pressões inerentes à disciplina de biologia. Ambos apontaram este facto como uma razão para os alunos não escolherem a disciplina de biologia.

Quadro 15: resumo das principais razões apresentadas para a não seleção da biologia

Aspectos fundamentais da variável	Razões apresentadas para a não seleção da biologia
Razões relacionadas com o professor	• o professor torna a matéria aborrecida • falta de atratividade do sujeito • método de ensino de conteúdos maioritariamente • não mostra a importância do tema para a vida quotidiana
Motivos relacionados com a escola	• Há falta de equipamento e de material didático, como modelos, na escola • os momentos em que a biologia é oferecida
Motivos relacionados com os estudantes	• a biologia é demasiado difícil • não vêem a importância do tema para a sua vida quotidiana • os alunos não gostam de biologia • demasiadas notas • os seus pares influenciam-nos a não fazer o assunto • A biologia não é necessária para a sua carreira • Conhecimentos insuficientes para o prosseguir a um nível mais elevado O grupo de disciplinas da quarta classe não se coadunava com o que queriam fazer.

Terceira questão de investigação

- Quais são as razões pelas quais os alunos que escolheram a disciplina acabam por a abandonar?

Para esta questão de investigação, a população era constituída por três alunos que tinham abandonado a disciplina, o professor de biologia e o vice-diretor. Os dados para esta questão de investigação foram recolhidos através de uma escala de classificação e de duas entrevistas semi-estruturadas. A escala de classificação foi dada aos alunos para descobrir as razões que os levaram a desistir da disciplina e as entrevistas semi-estruturadas foram realizadas com o professor de biologia e o vice-diretor. Uma vez que as afirmações da escala de avaliação foram escritas apenas em termos negativos, o supervisor dos investigadores aconselhou-o a analisar os dados interpretando cada afirmação da escala de avaliação em tabelas ou gráficos. Em vez de analisar estes dados através dos aspectos-chave da variável, o investigador analisará os dados relativos a esta questão por instrumentos.

Entrevista semi-estruturada

Pediu-se ao professor de biologia e ao vice-diretor que dessem as razões pelas quais acham que os alunos abandonam a biologia. O professor de biologia afirmou que "os alunos basicamente não vêem a importância da biologia na nossa vida quotidiana". Disse também que os alunos não se aplicam e que existe uma expetativa por parte dos professores e da comunidade de que os alunos não levem o seu trabalho a sério, uma vez que esta é uma escola de baixo rendimento. As crianças estão conscientes destas expectativas e, por isso, tornam-se preguiçosas e não se agarram às suas disciplinas. A vice-diretora disse: "Uma das principais razões pelas quais um aluno pode abandonar a disciplina é o facto de serem adolescentes, que são facilmente influenciados pelos seus pares." Fez esta afirmação e indicou mais tarde que esses alunos querem integrar-se. Se um amigo desiste da disciplina, isso tem um efeito de cascata e o outro amigo pode desistir também. Também os alunos que escolhem biologia se sentem sozinhos, tendem a sentir que fazem parte deste grupo isolado. Como há poucos alunos a escolher a disciplina, os alunos são facilmente influenciados pelos colegas que não escolheram a disciplina e, por isso, podem desistir da disciplina para se integrarem. O professor de biologia também disse que "os alunos escolhem as disciplinas às cegas e quando se apercebem da seriedade da disciplina, abandonam-na porque as pressões sobre eles são demasiado grandes".

Escala de Likert

A tabela 16 mostra a percentagem de estudantes que responderam aos itens da escala de avaliação. A tabela mostra que todos os alunos indicaram que abandonaram a biologia porque era demasiado trabalhosa para eles e que a consideram demasiado difícil. Este ponto também está relacionado com o facto de todos os alunos concordarem que continuam a chumbar à disciplina. Os alunos concordaram com o facto de não gostarem da disciplina, mas deixaram claro que gostavam do professor. Isto mostra que o facto de os alunos não gostarem do professor não foi motivo para abandonarem a disciplina. Sessenta e seis por cento (66%) dos inquiridos afirmam que abandonaram a disciplina porque não gostam das aulas de biologia e sessenta e seis por cento (66%) afirmam também que as aulas de ciências são aborrecidas. No que diz respeito à forma como as disciplinas são organizadas, sessenta e seis por cento (66%) dos inquiridos concordaram que abandonaram a biologia devido à forma como as disciplinas são organizadas, enquanto os outros trinta e três por cento dos inquiridos indicaram que a forma como as escolhas das disciplinas são organizadas não foi motivo para abandonarem a disciplina.

Quadro 16: percentagem de alunos que responderam aos itens (Desisti de biologia porque):

Artigos	Concordo plenamente	Concordar	Indecisos	Não concordo	Discordo totalmen
É demasiado difícil	100	0	0	0	0
Tem demasiado trabalho	100	0	0	0	0
Não vejo a importância do assunto	33	33	33	0	0
Estou sempre a chumbar a biologia	33	33	0	33	0
Não me agrada o tema	33	66	0	0	0
Não gosto do professor	0	0	0	66	33
Não gosto da forma como a matéria é leccionada	33	33	33	0	0
Os meus amigos não escolheram biologia	66	33	0	0	0
Não gosto das aulas de ciências	33	66	0	0	0
Organização das escolhas de temas	0	66	0	33	0
As aulas de ciências eram aborrecidas	33	33	33	0	0
Não gosto de trabalhos práticos	33	33	33	0	0
Não é importante para a carreira	66	0	33	0	0

Capítulo 4

Introdução

Este capítulo apresenta os resultados da investigação. Os resultados serão discutidos de acordo com os três factores escolares identificados pelo investigador como sendo variáveis significativas com impacto na seleção e não seleção dos alunos de Biologia C.X.C na escola secundária em estudo. As implicações desses resultados serão destacadas e serão feitas recomendações para resolver o problema da não seleção dos alunos e do abandono da biologia na escola secundária em estudo. A literatura aprofundada será fornecida como estrutura de apoio para as discussões neste capítulo e uma componente de reflexão pessoal será também apresentada pelo investigador.

Resumo das conclusões

Primeira questão de investigação

Quais são as razões que levam os estudantes a escolher a biologia?

O estudo revelou que os alunos acreditavam que havia vários factores baseados na escola que influenciavam a sua seleção de biologia para o CXC. Esses factores incluem: a influência dos colegas, a influência dos professores e, por extensão, um fator pessoal do aluno, que são os planos de carreira futuros.

De acordo com os alunos, os factores positivos da escola que influenciaram ou encorajaram a sua escolha da Biologia foram (1) os seus planos de carreira futuros, (2) o agrupamento - a organização do horário de modo a que os alunos que quisessem escolher Biologia não tivessem de fazer uma escolha entre Biologia e outra disciplina. A tabela 17 mostra o resumo das principais razões que os alunos deram para a sua seleção da disciplina de Biologia. Essas razões enquadram-se nos aspectos-chave da variável.

Tabela 17: Principais razões dos alunos para a seleção da biologia no que diz respeito aos aspectos-chave da variável.

Aspectos da variável	Razões para selecionar Biologia
Motivos relacionados com os estudantes	1. futura carreira 2. influência dos pares
Razões relacionadas com o professor	3. o professor torna a disciplina interessante 4.
Motivos relacionados com a escola	5. agrupamento de temas

Segunda questão de investigação:

Quais são as razões para a não seleção da disciplina de Biologia pelos alunos?

Os três aspectos-chave da variável mostraram que foram destacadas algumas das principais razões para a não seleção da disciplina pelos estudantes. São os seguintes:

- O professor torna a matéria aborrecida
- Pouco atrativo do sujeito
- A biologia é demasiado difícil (demasiados apontamentos)
- Não vêem a importância do tema para a sua vida quotidiana
- Os seus colegas não os incentivam a fazer a disciplina
- A biologia não é necessária para a sua carreira

  A forma como as disciplinas são agrupadas pode não permitir que os alunos escolham biologia.

- Distribuição dos alunos por grupos de competências.

As principais razões pelas quais os alunos não escolheram a disciplina de biologia enquadram-se em grandes categorias. No quadro 18, estas razões foram, em primeiro lugar, todas citadas como sendo razões relacionadas com a escola e podem ainda ser classificadas como sendo um fator professor, fator aluno, fator escola. Mesmo nestas subcategorias, há mais classificações que podem ser feitas.

No que se refere ao fator professor, as percepções do professor sobre a disciplina e as expectativas dos alunos, juntamente com a metodologia/estratégia de ensino, são os principais subfactores que influenciam a não seleção da biologia. O fator aluno pode ainda ser classificado em três outros subfactores. Estes outros subfactores são: a influência dos colegas, a carreira futura e o facto de não verem a importância da biologia na sua vida quotidiana. O fator escola/instituição pode ser dissecado em outros subfactores, como a forma como as disciplinas são agrupadas e a política da escola/ministério (governo).

Tabela 18: classificação dos factores ou variáveis que contribuem para a não seleção da biologia

Factores/variáveis	Subfactores
Factores dos estudantes	influência dos pares
	Carreira futura
	Não ver a importância do tema
Factores do professor	expectativas e percepções dos professores
	Estratégia de ensino
Factores escolares	agrupamento de temas
	Política da escola

Questão de investigação três:

Porque é que os alunos abandonam a disciplina de biologia?

Os alunos responderam a esta pergunta através de uma escala de classificação. A partir da escala de classificação, é claro que as principais razões pelas quais os alunos abandonam a biologia se devem ao seu nível de dificuldade e também indicaram que a disciplina dá muito trabalho. Os alunos sentiram que os seus amigos não faziam a disciplina e, por isso, abandonaram-na e, francamente, não gostavam da disciplina. Os alunos indicaram que gostavam do professor e, por isso, não foi essa a razão pela qual abandonaram a disciplina.

Limitações do estudo

1) No caso da entrevista semi-estruturada ao diretor, o investigador acabou por realizar a entrevista com o vice-diretor, uma vez que o diretor não se encontrava no campus da escola na altura.

Discussão dos resultados

Motivos de seleção e não seleção relacionados com os professores

Seleção

No que diz respeito à questão de investigação número um, os alunos disseram que sentiram que o professor torna a disciplina suficientemente atractiva e, ao mesmo tempo, suficientemente estimulante para manter a sua curiosidade. A motivação para aprender Biologia não depende apenas dos interesses que os alunos trazem para a escola. Pode também ser o resultado de determinadas situações de aprendizagem, entre as quais se encontra o trabalho laboratorial, Freedman (1997). O professor afirmou que utiliza uma abordagem eclética para ensinar biologia. Isto significa que todas as estratégias de ensino são utilizadas, no entanto, ele gosta de utilizar a abordagem dos conteúdos e o trabalho laboratorial no ensino da biologia devido à sua natureza. A Biologia é uma disciplina que requer uma utilização extensiva de informação descritiva sobre estruturas e funções biológicas que têm de ser aprendidas pelos alunos; daí a razão para a utilização principalmente da abordagem de conteúdos no seu ensino. Com a utilização do trabalho laboratorial, a curiosidade dos alunos é despertada, o que incentiva a escolha da disciplina.

Os alunos que escolheram a disciplina indicaram que houve uma forte influência do professor na sua escolha da disciplina de biologia. O nível de entusiasmo aparentemente elevado do professor é visto pelos alunos e, assim, este facto marca o ritmo da aprendizagem e desperta a curiosidade pela disciplina. Wilkins (1974) afirma que "... o sucesso de um professor individual não é, de modo algum, inteiramente devido ao grau da sua formação pessoal. Ele traz consigo importantes caraterísticas de personalidade que podem contribuir muito para determinar se os seus alunos aproveitam ao máximo as suas oportunidades de aprendizagem" (p.55.). O professor indicou, na entrevista, que gosta de relacionar os conteúdos leccionados com situações da vida real dos alunos. Esta comunicação é importante para manter o nível de motivação dos alunos e, quando os outros alunos se apercebem disso, ficam mais inclinados a escolher a disciplina. As tarefas académicas autênticas criadas pelo professor também são importantes para comunicar informações aos alunos que orientam o que eles fazem com o conteúdo que devem aprender. Por outras palavras, as tarefas fornecem um contexto essencial para o trabalho dos alunos nas salas de aula. As tarefas indicam aos alunos aquilo a que devem prestar atenção, ensaiar ou recuperar, para criarem com êxito produtos académicos autênticos. Um pressuposto implícito é que o conhecimento prévio é concretizado e desenvolvido à medida que os alunos se envolvem e realizam tarefas académicas autênticas no currículo. Ao trabalhar ao ritmo do aluno e ao utilizar técnicas de ensino que se adaptam aos seus estilos de aprendizagem, os professores promovem o sucesso dos alunos (Gronlund, 1998).

Não seleção e abandono

Os professores, pela sua disposição para ensinar a matéria, dizem muito. Durante a entrevista com o vice-diretor, este deixou claro que a escola era uma escola não académica. Esta afirmação foi corroborada pelo professor mais tarde na sua entrevista.

Ambos indicaram que existe uma expetativa de que os alunos não tenham um bom desempenho em Biologia. "Tem havido uma investigação considerável nestas áreas e todos os estudos demonstraram que as percepções e expectativas dos professores em relação aos alunos têm um impacto variável na escolha dos cursos por parte dos alunos. Os professores, consciente e inconscientemente, comunicam diferentes expectativas a diferentes alunos de várias formas, demonstrando assim que as suas percepções e expectativas são mais elevadas para uns do que para outros. Nestas circunstâncias, os alunos podem permitir que a "profecia do professor" tenha uma forte influência nos seus planos e desempenhos futuros. Os alunos sentem que têm de permitir que a profecia se cumpra, porque a profecia é partilhada não só pelo diretor e pelo professor de biologia, mas toda a comunidade vê a escola como uma escola de baixo nível académico e, por isso, não espera que os alunos tenham um bom desempenho em disciplinas como as ciências. As expectativas dos professores afectam a aprendizagem dos alunos. Os alunos que se espera que

Os alunos que aprendem têm mais probabilidades de obter bons resultados escolares. Foi demonstrado que os professores tendem geralmente a ter expectativas mais baixas em relação às crianças de minorias e às crianças de famílias pobres (Gaines e Davis, 1990). Também se verificou que os professores têm expectativas mais elevadas em relação aos alunos que falam inglês padrão (Cecil, 1988)

Tanto o vice-diretor como o professor de biologia estavam conscientes do facto de os alunos poderem não escolher a disciplina devido à sua natureza centrada nos conteúdos. Apesar de muita investigação sugerir melhores alternativas, as salas de aula ainda parecem ser dominadas por manuais escolares, palestras de professores e folhas de actividades com respostas curtas. A maior parte das vezes, o ensino da disciplina é expositivo e os alunos, ao verem isto, podem não querer selecionar a disciplina. "Num século de escolas públicas, poucas mudanças estruturais ocorreram no ensino na sala de aula. A maior parte do tempo na sala de aula é passada a dar aulas, a ouvir, a ler manuais ou a preencher fichas de trabalho. Observar as salas de aula atualmente é como observá-las há 50 anos. . " (Glickman, 1991, p. 5). O ensino eficaz não é simplesmente um conjunto de práticas genéricas, mas sim um conjunto de decisões orientadas para o contexto. Os alunos aprendem através do envolvimento em actividades reais e significativas. Se os alunos perceberem a importância da disciplina para eles, estarão mais aptos a apreciar a disciplina e o seu ensino. É necessário adotar uma abordagem construtivista para despertar o interesse dos alunos pela disciplina. Trumper (2006) concluiu que a qualidade do ensino das ciências na escola é o fator determinante da atitude em relação à disciplina. Há muitos anos, Choppin e Frankel (1976) descobriram que mais de metade das aulas relatadas pelos alunos como as suas "melhores experiências de aprendizagem" em biologia eram em sessões de laboratório, quando os próprios alunos realizavam experiências. Um estudo sobre escolas reestruturadas (1990-1995) concluiu que a aprendizagem de alta qualidade dos alunos, ou seja, o desempenho autêntico dos alunos, tem mais probabilidades de ocorrer quando os alunos estão empenhados na construção de conhecimentos pessoais, numa investigação disciplinada e num trabalho que tem valor (aplicação) para além da escola (Newmann e Wehlage, 1996, pp.8-10). Por conseguinte, a utilização de materiais concretos quando se ensina a matéria e a manipulação desses materiais é importante, uma vez que os alunos se apropriarão do trabalho e, assim, ajudarão a reter os conceitos de biologia.

Os professores servem de modelo para os seus alunos; os alunos imitam e imitam os seus hábitos e até as atitudes expressas pelos seus professores em relação a determinadas matérias (Woolfolk 1993). Na entrevista com o professor, este indicou que um dos seus maiores desafios era lidar com as atitudes negativas dos alunos em relação à disciplina. Indicou que, na maioria das vezes, tinha vontade de desistir. Se os alunos virem que os professores estão frustrados ou desinteressados na disciplina de biologia, ficarão igualmente desinteressados na disciplina. A investigação deste estudo mostrou que este foi um fator que contribuiu para a não seleção da biologia. No que diz respeito às habilitações, o professor indicou que não é licenciado em biologia, pelo que não pode ser considerado um especialista na área. A sua área é o desenvolvimento curricular. O professor pode não estar familiarizado e não ter um domínio firme sobre os conceitos biológicos e pode ter mais gosto por certos conceitos do que por outros. Deixou claro que não gosta de ensinar o tópico Genética devido a todos os meandros envolvidos no seu ensino.

Os alunos que abandonaram a disciplina de biologia disseram que a abandonaram devido à forma como a disciplina é leccionada e afirmaram ainda que não gostavam das aulas de ciências. Isto pode dever-se ao facto de ser demasiado aborrecido para eles. A declaração relativa ao trabalho prático indica que os alunos não gostam do trabalho prático envolvido no ensino da disciplina. Se a aula for aborrecida e os trabalhos práticos não forem do agrado dos alunos, estes não se sentirão suficientemente motivados para continuar a aprender os conceitos biológicos. Como resultado, podem desistir da disciplina e seguir outras matérias que lhes pareçam mais interessantes.

A partir dos resultados do estudo, com base nas respostas dos alunos sobre os factores relacionados com o professor que contribuem para a seleção e a não seleção e também para o abandono da disciplina, pode ver-se que as razões que os alunos dão são quase semelhantes. Esta semelhança de razões realça o facto de que o que funciona para uma pessoa pode não funcionar para outra. Por exemplo, alguns alunos consideram que o professor é entusiasmante e, por isso, isso influenciou-os a escolher a disciplina. No entanto, os alunos que não escolheram a disciplina consideraram as práticas de ensino do professor de biologia aborrecidas. Os três alunos que conseguiram abandonar a disciplina deixaram claro que, embora gostem do professor de biologia, não gostam das estratégias de ensino utilizadas por ele, o que contribuiu para o facto de terem abandonado a disciplina. Os professores de biologia devem, por isso, considerar imperativo ter um elevado nível de entusiasmo e fazer com que os conceitos de biologia tenham significado para os alunos.

De um modo geral, uma atitude negativa em relação a um assunto conduz à falta de interesse. Além disso, uma atitude positiva em relação à ciência "conduz a um empenhamento positivo na ciência que influencia o interesse e a aprendizagem da ciência ao longo da vida" (Simpson & Oliver, 1990, p. 14).

Razões de ordem institucional

Seleção

Os alunos que selecionaram a disciplina indicaram que o agrupamento das disciplinas os ajudou efetivamente a selecionar a disciplina. A forma como as disciplinas são agrupadas é de facto favorável para os alunos. Inicialmente, afirmaram que a biologia era oferecida contra disciplinas aborrecidas. Afirmaram claramente que os materiais existentes na escola os ajudaram a escolher a disciplina. Ou seja, sentiram que a escola tinha material suficiente para os manter ocupados e ajudá-los a compreender os conceitos de biologia.

Não seleção e abandono do tema

Na escola, há também a questão do acompanhamento. Os alunos são colocados em turmas de acordo com as suas capacidades cognitivas. Esta ideia de classificação por parte da administração da escola transmite aos alunos a imagem negativa de que não conseguem aprender e de que são lentos. Esta expetativa negativa que os administradores têm em relação aos alunos da escola acaba por fazer com que muitos alunos sejam colocados na faixa dos "lentos" e sejam ensinados como se não conseguissem aprender. Os alunos sentem que não são cognitivamente capazes de estudar biologia e, por isso, não a selecionam. Glickman (1991) afirma: "Sabemos que as provas demonstram que não se obtêm benefícios com o seguimento dos alunos em grupos de capacidades. . . "(p. 5). Esta afirmação é verdadeira, mas a direção da escola continua a seguir os alunos.

Os alunos que responderam ao questionário indicaram que o agrupamento de disciplinas os impedia de escolher a sua disciplina. Afirmaram ainda que as suas escolhas de disciplinas colidiam com outras disciplinas que queriam fazer. "As reacções dos alunos sobre a questão retratam um sentimento geral de desilusão, como resultado de terem sido colocados em grupos com disciplinas atribuídas sem a devida consideração dos seus interesses ou gostos pelas disciplinas." Tawaiyole. *(2003).* Os alunos passaram a selecionar a disciplina que consideravam preferir no grupo de disciplinas. Os alunos gravitaram em torno de outras disciplinas porque, de acordo com as conclusões, sentiram que a biologia não era suficientemente atractiva para os professores.

A motivação para aprender Biologia não depende apenas dos interesses que os alunos trazem para a escola. Pode também ser o resultado de determinadas situações de aprendizagem, entre as quais se encontra o trabalho laboratorial (Freedman, 1997). A falta de equipamento e de material didático na escola é um fator importante que contribui para a não seleção da disciplina. Os alunos gostam normalmente de manipular o material científico de forma a tornar a aprendizagem significativa para eles. Com a falta de material na escola, os alunos não se sentirão inclinados a selecionar a disciplina. Os alunos precisam de aprender de um ponto de vista construtivista. A abordagem construtivista da aprendizagem das ciências defende a manipulação de materiais concretos pelos alunos para que estes possam construir o seu próprio conhecimento. Os três alunos que abandonaram a disciplina indicaram que as razões institucionais para o fazerem se devem ao facto de não gostarem muito da forma como as escolhas das disciplinas estão organizadas. A organização da escolha da disciplina foi referida pelos alunos como uma razão que impede a sua escolha da disciplina. Os alunos têm outras disciplinas em mente, que gostariam de explorar, pelo que abandonariam a biologia mesmo que a tivessem escolhido inicialmente.

A seleção ou não seleção da disciplina pelo aluno baseia-se em grande medida nesses factores escolares. Esses factores determinam o número de alunos que escolhem a disciplina e se os alunos que escolhem a disciplina continuam efetivamente a frequentá-la sem a abandonarem. Os alunos que escolheram a disciplina indicaram alguns factores escolares que influenciaram a sua escolha da disciplina. Um desses factores seria a forma como as disciplinas são agrupadas, que é favorável aos alunos que escolhem a biologia. Embora esta possa ser uma razão favorável para a seleção, os alunos que não selecionaram a disciplina indicaram que esta mesma razão, o agrupamento das disciplinas, foi um obstáculo à sua escolha da biologia.

Motivos relacionados com os estudantes

Seleção

A maioria dos alunos da nossa amostra efectuou a sua escolha de biologia no ensino secundário de acordo com o interesse que estes podem ter nas suas futuras profissões. A biologia é uma disciplina que pode ser útil em muitas carreiras; por exemplo, pode ser usada para ser biólogo marinho, para ser médico e para ser forense. De acordo com Blackford (2006), "Os empregadores adoram cientistas! As suas mentes curiosas e investigativas são úteis em todo o tipo de áreas de emprego, não apenas no sector da ciência. No ano de 2006, mais de metade (54%) dos licenciados em biologia das faculdades americanas conseguiram um emprego a tempo inteiro seis meses após a licenciatura e quase um terço (29%) prosseguiu os estudos a tempo inteiro ou a tempo parcial." Os estudantes de biologia conseguem integrar-se em quase todas as carreiras, uma vez que existe uma grande expetativa de que sejam indivíduos concentrados e disciplinados. Os colegas dos alunos revelam-se muito úteis para os influenciar na escolha da disciplina de biologia.

Não seleção e abandono da biologia

A Biologia é uma disciplina centrada em conteúdos que exige que os alunos tomem muitos apontamentos. Quando os alunos são obrigados a tirar apontamentos, podem queixar-se e, assim, considerar a Biologia como uma disciplina difícil. As conclusões do estudo indicam que os alunos não escolhem a disciplina porque tem demasiados apontamentos e é demasiado difícil para eles. A vice-diretora afirmou que os alunos não estão suficientemente motivados para escolher a disciplina. Ela disse que "não há nenhum impulso interno, nenhuma motivação, seja ela qual for, para os alunos fazerem Biologia". Brophy (1998), citado em Woolkfolk (1993), afirma que "há situações em que são necessários incentivos e apoios externos. Os professores devem encorajar e alimentar a motivação intrínseca, ao mesmo tempo que se certificam de que o nível de motivação extrínseca é o correto." (p.337). As actividades realizadas nas aulas de biologia não são suficientes para despertar e manter a curiosidade dos alunos de biologia. O vice-diretor indicou também que é necessário haver visitas guiadas de biologia e o envolvimento dos alunos em feiras de ciências. Se isto acontecer, haverá uma maior motivação por parte dos alunos, porque não verão a biologia como uma disciplina de conteúdos, mas poderão ver a sua importância, pois poderão relacioná-la com a sua vida quotidiana. Embora o professor de biologia sinta que está muito entusiasmado com o ensino da biologia, a vice-diretora disse que sente que o professor de biologia não está suficientemente entusiasmado. Desde a introdução da biologia há cinco anos, nunca houve um clube de ciências na escola. A vice-diretora considera que o facto de os alunos verem isto os desencoraja de escolher biologia.

A influência dos pares pode ser considerada como um dos principais factores que contribuem para que os alunos seleccionem ou não seleccionem e até para o possível abandono da biologia. Os alunos, ao nível da quarta classe, encontram-se numa fase de confusão entre identidade e papel, de acordo com Eric Erickson. Nesta fase, os alunos querem integrar-se e identificar-se o mais possível entre os seus pares. Seguem os seus amigos e fazem o que eles fazem porque consideram que é "fixe". A partir dos resultados do estudo, pode verificar-se que apenas sete alunos estudam biologia e que vinte e cinco da população da amostra não escolheram biologia. Mesmo os alunos que escolheram a disciplina indicaram que o fizeram devido à influência dos colegas. Também a maioria dos alunos que não escolheram biologia afirmou que houve influência dos colegas na tomada de decisões. Os três alunos que abandonaram a biologia indicaram que o fizeram porque os seus amigos não escolheram a disciplina. Os resultados revelam que os alunos se concentraram na carreira. Os alunos que escolheram biologia disseram que o fizeram por causa da sua futura carreira. Os alunos que não escolheram e abandonaram a disciplina indicaram que as suas carreiras não se prestavam à aprendizagem da biologia.

Validade do estudo

A validade refere-se à adequação das inferências que são feitas com base nos dados recolhidos, enquanto a fiabilidade se refere à consistência em termos de recolha dos mesmos dados ao longo do tempo junto dos mesmos participantes (Gronlund, 1998).

A validade deste estudo teve origem em várias fontes. Em primeiro lugar, o investigador obteve autorização da escola para realizar o seu estudo na mesma, e houve também o teste-piloto dos seus instrumentos. O teste-piloto dos instrumentos permitiu ao investigador modificar os instrumentos de modo a obter informação credível, pertinente e de qualidade recolhida junto dos participantes no estudo. A validade do estudo também foi obtida através do cumprimento do protocolo relevante e adequado para este tipo de estudo.

Utilização potencial dos resultados

Este estudo revelou informações críticas relacionadas com os factores escolares que influenciaram a seleção do biology. A informação sugere uma série de potenciais utilizações dos resultados, incluindo

- Mobilizar e encorajar o Ministério da Educação e a administração e os professores da escola a adoptarem uma abordagem mais estimulante e prática ao planearem o currículo e os programas de Biologia.
- Examinar os actuais factores de ensino da biologia e outros factores relacionados,

com vista a colmatar as muitas deficiências e, eventualmente, a aumentar a inscrição em Biologia.

- Utilizar medidas que podem ser adoptadas para aumentar o interesse e a adesão à Biologia.

Implicações dos resultados da investigação

Este estudo tem várias implicações para o ensino da biologia na escola estudada. A implicação mais significativa é que a escola em estudo será informada das suas fraquezas ao não conseguir mostrar aos alunos um lado atrativo em relação à aprendizagem e ao ensino da Biologia. Informará os professores sobre as necessidades dos seus alunos. Eles saberão o que fazer para melhorar o ensino e tornar a disciplina mais atractiva para os alunos do primeiro ciclo.

Pode também realçar a importância da construção do horário e da modificação dos agrupamentos de disciplinas existentes, de modo a permitir que os alunos escolham a disciplina.

Recomendações

Com base nas discussões, uma vez que a perceção dos alunos sobre a disciplina de biologia é influenciada pelo currículo específico que é implementado na escola, e a imagem e o comportamento do professor influenciam essa perceção, o investigador sugere as seguintes recomendações:

1. Podem ser promovidas mudanças comportamentais, o que implica tornar os professores mais competentes no ensino da biologia de uma forma interdisciplinar e adotar uma abordagem construtivista. Os professores de ciências e as escolas devem proporcionar ambientes e actividades de aprendizagem agradáveis, confortáveis, bem equipados e estimulantes, a fim de despertar o interesse dos alunos pela biologia

2. As escolas devem contratar professores qualificados que, por sua vez, devem utilizar uma vasta gama de estratégias de ensino para tornar a biologia interessante para os alunos.

3. Os professores, as administrações escolares e o Ministério da Educação devem trabalhar em conjunto para converter as influências negativas da escolha da biologia pelos alunos em influências positivas.

4. O investigador sugere que se realizem outros estudos para examinar os efeitos dos factores socioculturais e dos factores de origem dos alunos na não seleção da biologia para o C-Sec.

5. Para resolver a questão da falta de equipamento na escola, o investigador recomenda que o professor continue a improvisar, fazendo modelos de vários conceitos para que os alunos os possam manipular e, assim, aprender com eles. Wringe (1995) explica que os materiais de apoio ao professor podem ser tão eficazes como qualquer outro material de apoio, se forem feitos corretamente.

6. O professor pode ajudar os alunos a compreender a importância e o valor da aprendizagem da biologia. Isto pode ser feito expondo os alunos a tarefas autênticas e a situações da vida real, como levar os alunos a visitas de estudo e fazê-los participar em projectos para feiras de ciências no país.

7. Deveria ser criado um clube de ciências na escola

8. Deveria ser criado um grupo de disciplinas que obrigasse os alunos a selecionar pelo menos uma disciplina de ciências.

9. De acordo com Arstrong (1973), os alunos do ensino secundário devem ser autorizados a escolher os temas de aprendizagem. Isto porque, quando os alunos selecionam o seu próprio tópico, podem desenvolver um sentimento de propriedade, o que os ajudará a ter mais vontade de fazer a disciplina.

Conclusão

O investigador quis descobrir as razões da seleção e não seleção da disciplina de biologia e também as razões pelas quais os alunos podem abandonar a disciplina. A partir dos dados recolhidos, torna-se claro que a seleção da Biologia pelos alunos se baseia em grande medida na sua perceção dos factores escolares que interagem para os influenciar. Esses factores escolares podem ser divididos em vários aspectos, incluindo factores relacionados com os professores, factores relacionados com os alunos e factores relacionados com as instituições. As principais razões que levaram os alunos a escolher a biologia foram a forma como as disciplinas foram agrupadas, a influência dos colegas, a carreira futura e o facto de o professor tornar a disciplina interessante para eles. O estudo revelou que as razões pelas quais os alunos não optam pela disciplina se devem às expectativas dos professores, ao acompanhamento, ao agrupamento de disciplinas, à carreira futura, à natureza da disciplina centrada nos conteúdos e, por extensão, às estratégias de ensino utilizadas pelo professor.

Reflexões

Este estudo revelou-se muito esclarecedor. Como professor de ciências, estou agora ciente das muitas razões pelas quais os alunos do terceiro ano podem optar por uma disciplina de ciências no nível superior. Também me apercebi de que, por vezes, a administração das escolas e, por extensão, os professores contribuem profundamente para a não seleção e abandono da biologia por parte dos alunos, através da forma como abordam a disciplina, do horário da disciplina, das nossas estratégias de ensino e das nossas atitudes em relação à própria disciplina. Consciente destas razões, posso voltar à minha escola de origem para utilizar estratégias de ensino que tornem a disciplina atractiva para os alunos e ajudar na definição de políticas da escola que permitam uma maior seleção da disciplina.

Aprendi as formalidades da realização de investigação educacional e, com base no que sei até agora, tenciono dedicar-me à investigação para poder introduzir mudanças significativas na forma como as disciplinas de ciências, especialmente a Biologia, são ensinadas nas escolas secundárias da ilha.

Referências

Cohen, L., Manion, L., & Morrison, K. (2000). Action research. *Research methods in education, 5,* 226-244.

Chiappetta, E. L., Koballa, T. R., & Collette, A. T. (1998). *Science instruction in the middle and secondary schools (Ensino de ciências nas escolas médias e secundárias).* Prentice Hall.

Choppin, B., & Frankel, R. (1976). The three most interesting things. *Studies in Educational Evaluation, 2*(1), 57-61.

Croxford, L. (2002). Participation in science, engineering and technology at school and in higher education (Participação na ciência, engenharia e tecnologia na escola e no ensino superior). *Edimburgo: Centro de Sociologia da Educação, Universidade de Edimburgo.*

Bandura, A. (1979). A perspetiva da aprendizagem social: Mecanismos de agressão.

Best, J. W., & Kahn, J. V. (1993). Métodos de investigação em educação.

Blackford, S. (2010). Um estudo qualitativo da relação do tipo de personalidade com a gestão de carreira e a preferência de escolha de carreira num grupo de estudantes de pós-graduação em biociências e investigadores de pós-doutoramento. *Revista Internacional para o Desenvolvimento do Investigador, 7*(4), 296-313.

Brophy, J., & Alleman, J. (1991). Uma advertência: a integração curricular nem sempre é uma boa ideia. *Educational Leadership, 49(2),* 66.

Brophy, J. E., & Good, T. L. (1984). *Teacher behavior and student achievement* (No. 73). Instituto de Investigação sobre o Ensino, Universidade do Estado do Michigan.

Brophy, J. (1998). Alunos com Síndrome de Insucesso. ERIC Digest.

Brophy, D. R. (1998). Understanding, measuring, and enhancing individual creative problem-solving efforts. *Creativity Research Journal, 11(2),* 123-150.

Burnie, D. (2004). *Endangered planet (Planeta em perigo).* Pan Macmillan.

Cecil, N. L. (1988). Dialeto negro e sucesso académico: A study of teacher expectations. *Reading improvement, 25*(1), 34.

Driver, R., Leach, J., & Millar, R. (1996). *Young people's images of science.* McGraw-Hill Education (Reino Unido).

Dyer, C. (1999). Researching the implementation of educational policy: a backward mapping approach. *Educação Comparada, 55*(1), 45-61.

Edwards, A., & Talbot, R. (1999). The hard-pressed researcher. *Harlow: Pierson*

Evans, T., Guy, R., Honan, E., Kippel, L. M., Muspratt, S., Paraide, P., & Tawaiyole, P. (2007). Projeto de Implementação da Reforma Curricular da PNG.

Freedman, M. P. (1997). Relationship among laboratory instruction, attitude toward science, and achievement in science knowledge (Relação entre o ensino laboratorial, a atitude em relação à ciência e o sucesso no conhecimento da ciência). *Journal of*

Gaines, M. L., & Davis, M. (1990). Accuracy of Teacher Prediction of Elementary Student Achievement (Precisão da previsão do professor sobre o desempenho do aluno no ensino fundamental).

Gardner, H. (1974). As artes e o desenvolvimento humano.

Glickman, C. (1991). Fingir que não sabemos o que sabemos. *Educação Leadership, 48(8),* 4-10. *Investigação em Ensino das Ciências, 34(4),* 343-357.

Gronlund, N. E. (1998). *Assessment of student achievement.* Allyn & Bacon Publishing, Longwood Division, 160 Gould Street, Needham Heights, MA

Hoy, W. K., & Woolfolk, A. E. (1993). O sentido de eficácia dos professores e a saúde organizacional das escolas. *The elementary school journal,* 355-372.

Kahle, J. B., & Meece, J. (1994). Investigação sobre questões de género na sala de aula. *Handbook of research on science teaching and learning,* 542-557.

Krathwohl, D. R. (1998). Methods of educational and social science research. Long Grove, IL.

McMillan, J. H., & Schumacher, S. (1997). Investigação em educação: Uma abordagem concetual. *New York: Long.*

Monroe, B. W., & Troia, G. A. (2006). Ensinar estratégias de escrita a alunos do ensino secundário com deficiência. *The Journal of Educational Research,100(1),* 2133.

Opie, C., & Sikes, P. J. (2004). *Doing educational research.* Sage.

Ormerod, M. B., & Duckworth, D. (1975). Pupils' Attitudes to Science. A Review of Research.

Popham, W. J. (2008). Educação baseada em normas: Two wrongs don't make a right. *The nature and limits of standards-based reform and assessment,* 15-25.

Sapsford, R., & Jupp, V. (1996). Validating evidence. *Recolha e análise de dados,* 1- 24.Oppenheim, A. N. (2000). *Questionnaire design, interviewing and attitude measurement.* Bloomsbury Publishing.

Selim, M. A., & Shrigley, R. L. (1983). A abordagem da dinâmica de grupo: A sociopsychological approach for testing the effect of discovery and expository teaching on the science achievement and attitude of young Egyptian students. *Journal of Research in Science Teaching, 20(3),* 213224.

Simpson, R. D., & Steve Oliver, J. (1990). A summary of major influences on attitude toward and achievement in science among adolescent students. *Science education, 74*(1), 1-18.

Talbot-Smith, M., Abell, S. K., Appleton, K., & Hanuscin, D. L. *(Eds.)(2013).Handbook of research on science education.* Routledge.

Trumper, R. (2006). Ensinar conceitos básicos de astronomia a futuros professores - mudanças sazonais - numa altura de reforma do ensino das ciências. *Journal of Research in Science Teaching, 43*(9), 879-906.

Wehlage, G. G., Newmann, F. M., & Secada, W. G. (1996). Standards for authentic achievement and pedagogy. *Realização autêntica: Restructuring schools for intellectual quality,* 21-48.

Wilkins, A., & Stewart, A. (1974). The time course of lateral asymmetries in visual perception of letters. *Journal of Experimental Psychology, 102*(5), 905.

Wringe, C. (1995). Educational rights in multicultural democracies. *Journal of philosophy of education, 29*(2), 285-292.

Young, J. C. (1979). A educação numa sociedade multicultural: Que tipo de educação? Que tipo de sociedade? *Canadian Journal of Education/Revue canadienne de l'education,* 5-21.

Printed by Books on Demand GmbH, Norderstedt / Germany